# LANDSCAPE RECORD
# 景观实录

| | | |
|---|---|---|
| 社长/PRESIDENT | 宋纯智 | scz@land-rec.com |
| 主编/EDITOR IN CHIEF | 吴 磊 | stone.wu@archina.com |
| 编辑部主任/EDITORIAL DIRECTOR | 宋丹丹 sophia@land-rec.com<br>李 红 mandy@land-rec.com | |
| 编辑/EDITORS | 殷文文 lola@land-rec.com<br>张 靖 jutta@land-rec.com<br>张昊雪 jessica@land-rec.com | |
| 网络编辑/WEB EDITOR | 钟 澄 charley@land-rec.com | |
| 美术编辑/DESIGN AND PRODUCTION | 何 萍 pauline@land-rec.com | |
| 技术插图/CONTRIBUTING ILLUSTRATOR | 李 莹 laurence@land-rec.com | |
| 特约编辑/CONTRIBUTING EDITORS | 邹 喆 高 巍 李 娟 | |
| 编辑顾问团/ADVISORY COMMITTEE | Patrick Blanc, Thomas Balsley, Ive Haugeland<br>Nick Wilson, Lars Schwartz Hansen, Juli Capella,<br>Elger Blitz, Mário Fernandes<br>王向荣 庞 伟 孙 虎 何小强 黄剑锋 | |
| 运营中心/MARKETING DEPARTMENT | 上海建盟文化传播有限公司<br>上海市飞虹路568弄17号 | |
| 运营主管/MARKETING DIRECTOR | 刘梦丽 shirley.liu@ela.cn<br>(86 21) 5596-8582 fax: (86 21) 5596-7178 | |
| 对外联络/BUSINESS DEVELOPMENT | 刘佳琪 crystal.liu@ela.cn<br>(86 21) 5596-7278 fax: (86 21) 5596-7178 | |
| 运营编辑/MARKETING EDITOR | 李雪松 joanna.li@ela.cn | |
| 发行/DISTRIBUTION | 袁洪章 yuanhongzhang@mail.lnpgc.com.cn<br>(86 24) 2328-0366 fax: (86 24) 2328-0366 | |
| 读者服务/READER SERVICE | 宋丹丹 sophia@land-rec.com<br>(86 24) 2328-4369 fax: (86 24) 2328 0367 | |

## Please Follow Us

《景观实录》官方网站
http://www.land-rec.com

《景观实录》官方新浪微博
http://weibo.com/LnkjLandscapeRecord

《景观实录》官方腾讯微博
http://t.qq.com/landscape-record

《景观实录》官方微信公众平台 微信号：
landscape-record

**图书在版编目（CIP）数据**

景观实录. 可持续景观设计艺术：玛莎·舒瓦茨景观事务所特辑 / （英）马库斯·詹斯奇编；李婵译.
一沈阳：辽宁科学技术出版社，2017.8
ISBN 978-7-5591-0386-4

Ⅰ. ①景… Ⅱ. ①马… ②李… Ⅲ. ①景观设计
Ⅳ. ①TU986.2

中国版本图书馆CIP数据核字（2017）第199098号

景观实录Vol.4/2017.8

辽宁科学技术出版社出版/发行（沈阳市和平区十一纬路25号）
各地新华书店、建筑书店经销

开本：880×1230毫米 1/16 印张：8 字数：100千字
2017年8月第1版 2017年8月第1次印刷
定价：**48.00元**
ISBN 978-7-5591-0386-4
版权所有 翻印必究

辽宁科学技术出版社 www.lnkj.com.cn
《景观实录》 http://www.land-rec.com

U0317322

持：

中国风景园林网
chla.com.cn

我得杂志网
www.myzazhi.cn
专业提供杂志订阅平台

LANDSCAPE RECORD

# Vol. 4
# 2017.08

**封面**: 玛莎·舒瓦茨景观事务所主创。图片版权: 张虔希
**对页+本页**: 北京北七家镇科技商务区。图片版权: 张虔希

# PROFILE 公司概况

# VIEWS 设计观点

# PROJECTS 案例分析

# 公司简介

玛莎·舒瓦茨景观事务所（MSP）是一家国际知名的设计公司，擅长城市环境修复与重建类设计。MSP融合了公共环境开发、城市设计与环境艺术设计，成立35年来，设计建造了大批花园、广场、公园、公共艺术装置等，涉猎过学校景观、企业景观、城市规划和城区改造等各类项目。MSP探索出一套与政府部门、规划师、承建商等各方合作的策略体系，目标是通过公共环境的景观改造，实现环境、经济和社会的可持续发展。MSP的设计将城市景观视为可持续城市发展的平台和健康城市生活的基础。

MSP总部设在英国伦敦，项目设计和咨询业务遍布全球，至今共计在四个大陆、20多个国家做过项目设计。公司的核心设计团队包括景观设计师、建筑师、城市设计师、园艺师、现场施工专家和资深项目经理等，有着来自欧洲、北美和亚洲的丰富背景。多样化的专业和背景的联合让MSP能够在各种文化背景、各种规模的项目中游刃有余地完成设计任务，即使面对最复杂的城市环境和社会背景，也能轻松应对。除了核心设计团队之外，MSP还与众多国际知名的设计师和咨询公司开展密切合作，扩展公司的业务范围，确保公司面对任何规模的规划或设计难题都能给出有效的解决方案。

MSP的设计将城市景观视为让居住环境与自然环境平衡发展的一种平台。MSP将公众的参与作为设计的基础，从中汲取灵感，致力于打造真正为大众所用、所喜爱的环境，希望通过设计切实满足人们的需求。同时，人性化的空间又为可持续发展带来积极的影响，改善城市生活环境的密度和效率。MSP以其高超的专业技能和对通过景观激活城市生活的执着信念，成功设计了一批大受欢迎的项目，包括公共环境和私人空间。他们设计的景观项目、公共装置和大型城市设计项目一直在改变着城市的环境，也改变着生活在那些环境中的人的生活。

MSP凭借优秀的城市景观设计在国际景观设计界声名远播。公司成立以来获奖无数，包括：美国景观设计师协会地标设计奖（ASLA Landmark Award）、英国景观行业协会改造类设计奖（British Association of Landscape Industries Award）、芝加哥雅典娜建筑与设计博物馆最佳全球新设计奖（Chicago Athenaeum Award for Best New Global Design）、美国景观设计师协会荣誉奖（ASLA Honor Award）、城市土地协会优秀奖（Urban Land Institute Award for Excellence）和库珀-休伊特国家设计奖（Cooper-Hewitt National Design Award）等。

# 设计理念

我们的设计过程反映了我们对当代城市景观与公共环境现状的理解。城市景观设计必然涉及多方的参与，包括不同的利益集团，涉及社会、文化、经济和政治等多方力量，相互制约，共同决定城市的环境。这就需要我们采取一种互利合作的态度，也需要具备与各方沟通交流的能力，让需要通过设计来实现的各种需求变得明晰化。

我们的项目设计采取由内而外的设计方式，让客户和相关各方参与到设计中来，在讨论的过程中集思广益。这也是一个"头脑风暴"的过程，每个人在平等的基础上提出项目中的各种问题，共同研究解决方案。通过这种互动交流式的设计过程，我们最终达成一致，形成一个基本方向或框架，作为MSP接下来深入设计的基础。

MSP的这种合作式设计模式，再加上创新性的设计思路，成为MSP景观设计的招牌。我们的创意依赖于挑战那些限制我们想象力的传统，抛开这些传统，我们才能尽情畅想人们在城市中可以怎样生活，他们的生活环境可以是何种面貌、何种感觉。MSP的设计不只为那些特权阶级服务，虽然他们常常是项目开发的主导；MSP总是尽量折中，找到一种全新的概念，打造出极具表现力的景观，往往能以令人惊艳的方式让各方都满意。

我们的设计通常肩负勾勒环境蓝图的任务，不论是私人项目，还是社区改造，甚至是城市规划。我们要打造出独一无二的环境，要树立独特的环境形象，最重要的是，要让这个环境得到公众的喜爱。这种独一无二会赋予城市强大的竞争力，这对于新建和改建的城市来说至关重要。

景观设计不可避免地会给社区带来影响，它营造一种环境，引发人们自由的思考、创意与好奇。我们的设计实践正是基于上述理念和观点。多年来，我们的设计方法也随着环境和社会的变化而演变，但始终保有创新性与前瞻性。我们始终坚信，景观设计关乎我们周围环境的可持续性。我们的创意景观设计与环境规划始终围绕四个基本方针：

坚持深入调研，将实地情况融入设计愿景与设计目标，打造因地制宜的设计；

在团队合作的氛围下开展设计；

根据创新与可持续的设计原则，解决项目问题；

最终的设计要保有一定程度的灵活性，满足项目随时间发展可能出现的潜在的需求。

城市是面对不断缩减的全球资源最符合可持续性的高效发展模式。我们的城市公共景观需要特别的关注，因为这类景观会给生活在城市中的人们带来影响，影响他们的生活方式和他们看待城市景观的方式。城市景观是一个维持自然环境的平台，是支撑公共交通和基础设施的基石，同时也为市民的公共休闲活动提供种类繁多的环境和空间。

随着"巨型城市"的兴起——一股席卷全球的城市化潮流——以及新城建设和老城改造的蓬勃发展，城市景观扮演的角色及其重要性也在迅速发生演变。城市景观很快为公众所认可，成为城市环境建设和宜居性改造的重要元素。城市景观也受到社会、文化、经济和政治等力量的影响。简言之，它是人为建造的环境系统，植根于人，来源于人类的行为。如果在规划和设计的过程中没有很好地理解景观的定位，那么公共环境的设计是不可能成功的，或者说是不可能实现可持续性的——不只是宏观的城市发展，任何规模尺度的项目都是如此。

对于新城市和演变中的老城来说，城市景观是保障环境健康和人的身心健康的基础，也是社会交往和社区活动发生的平台。经过良好规划与设计的公共广场和街道有助于重唤城市的活力，刺激城市经济的发展。许多大城市的市长都认可了城市景观对于维持人口数量、吸引新居民前来定居进而推动经济发展和城市繁荣的作用。城市的美化、绿地的建设、行道树的增加，都是吸引知识型工作者来到某个城市工作、生活的手段。

公共环境景观是城市文化活动的新舞台。城市的主要公共空间是一个城市的文化形象的代表，代表了这个城市如何看待自身，以及希望世界如何看待它。城市景观是城市文化生活的论坛，它的这项功能是目前最重要的，因为现在，城市的文化和环境健康是一座城市的主要吸引力所在。

好的城市景观有助于提升城市生活品质，同时，也是赋予社区魅力、让城市变得美好的重要元素。城市的品质来源于良好的规划、高质量住宅区的建设以及街道、公园和开放式空间的良好设计。这些都是打造社区或者城市品质的要素——比起某些标志性建筑来说更为重要的元素。我们都是首先选择一个街区去居住，然后再选其中的住宅。同样，我们先选一个城市去居住，然后再选一个好的街区。随着全球化进程的发展，人类变得越来越同质化，打造街区或者城市的特色形象就变得尤为重要。环境的设计是决定一座城市或者一个开发项目能否实现可持续发展、能否挖掘出全部潜能的关键要素。通过设计，我们能够营造独一无二的环境，使人产生一种归属感，彰显个性。通过设计，我们赋予环境特色、记忆、身份、方向和个性，进而在人与环境之间建立一种情感的联系。

主创设计师

玛莎·施瓦兹

玛莎·施瓦兹（Martha Schwartz），美国景观设计师协会会员（FASLA），英国皇家建筑师协会荣誉会员（Hon FRIBA），英国国际课程教育机构荣誉会员（Hon RDI）。作为景观设计师、城市规划师和艺术设计师，施瓦兹女士有着35年的设计经验，设计过各类项目，遍布世界各地，与众多国际知名设计师有过合作。施瓦兹的设计重点关注城市开发、社区建设和城市景观。

施瓦兹获得过的奖项和荣誉包括：由皇家艺术、制造与商业促进会（Royal Society for the Encouragement of Arts, Manufactures and Commerce）颁发的皇家荣誉工业设计师奖（Honorary Royal Designer for Industry Award），以奖励她在英国设计领域内的突出贡献；库珀·休伊特国家设计奖（Cooper Hewitt National Design Award）；由波士顿建筑师协会（Boston Society of Architects）颁发的女性优秀设计奖（Women in Design Award for Excellence）；爱尔兰贝尔法斯特阿尔斯特大学（University of Ulster）授予的理学博士学位；城市设计学院授予的奖学金；曾在美国拉德克利夫学院（Radcliffe College）、罗马美国学院（American Academy）参观学习；英国皇家建筑师协会（RIBA）荣誉奖学金；最近获得美国景观设计师协会会员委员会大奖（ASLA Council of Fellows Award）。

施瓦兹是哈佛大学设计研究生院景观设计实践专业的终身教授，也是哈佛大学可持续城市研究小组（Working Group of Sustainable Cities）的创始人之一。施瓦兹一直在国内外多所院校就可持续城市与城市景观的课题举办讲座，设计作品在书刊上广泛发表，并在各地美术馆展览。

# 马库斯·詹斯奇

马库斯·詹斯奇（Markus Jatsch），英国皇家建筑师协会会员（RIBA），英国皇家艺术院院士（FRSA），建筑师，城市规划师，学习景观设计和美术专业出身。詹斯奇博士有着20多年的设计经验，在MSP景观事务所总揽所有项目的设计工作，并负责MSP的所有调研活动。詹斯奇曾在大卫·奇普菲尔德建筑事务所（David Chipperfield Architects）供职。加盟MSP之前，詹斯奇与MSP主持设计师玛莎·施瓦兹在15年中已经合作过多个项目。

詹斯奇在多所国际设计院校任教，包括在哈佛大学设计研究生院（GSD）以及在维也纳应用艺术大学（University of Applied Arts）任客座教授。著有《去边界空间——空间视觉感知中的不确定性》（Debordered Space: Indeterminacy within the Visual Perception of Space，斯图加特，2004年出版）一书。詹斯奇经常就可持续城市与公共环境的课题举办讲座，作品在国际知名刊物上广泛发表，并在各地图书馆和美术馆进行展览。

詹斯奇获得过的奖学金包括：富尔布莱特奖学金（Fulbright Commission Award）和德国学术交流研究生奖学金（German Academic Exchange Service Postgraduate Scholarship）等。他是伦敦伊斯灵顿区设计评估小组成员（London Borough of Islington Design Review Panel），被评选为"皇家艺术、制造与商业促进会"会员（Royal Society for the Encouragement of Arts, Manufactures and Commerce）。

# 夏洛特·威尔伯福斯

夏洛特·威尔伯福斯（Charlotte Wilberforce），拥有17年的企业管理与市场营销工作经验。除了景观领域之外，她还涉足医疗、通讯、媒体和时尚等领域，工作地点横跨欧洲、亚洲和北美。

威尔伯福斯与众多国际知名人士有过合作，包括政界名人和知名企业家。她在市场营销方面有独到的见解和方式，将纸质宣传与电子宣传相结合。她与歌手、作曲家和制作人合作，为她的营销活动创作音乐和视频。

威尔伯福斯建立了自己的慈善基金会并成功运营。她的基金会致力于反人口贩卖，提升公众防范意识，已经得到全球媒体的关注，包括英国广播公司（BBC）和"终结剥削与人口贩卖基金会"（MTV EXIT）。除了支持博爱与人道主义的公益活动之外，威尔伯福斯热爱艺术与设计，并致力于将其应用到商业中来。

威尔伯福斯负责MSP的商业运营和财政收支管理，包括业务拓展和对外交流。

# 埃克·塞尔比

埃克·塞尔比（Eike Selby），从事设计行业17年，对项目设计的方方面面均有涉猎，从前期的客户接触到设计理念的开发，到细节的打磨。塞尔比对各种类型和规模的项目均有涉及，包括高档住宅、商业项目和工业开发项目等。

塞尔比最初学习景观设计专业，获得景观施工管理硕士学位，之后的从业经历重点放在中东和北非地区。在积累了11年的施工现场管理经验、在迪拜的多个大型项目中任项目经理后，塞尔比带领他的设计团队完成了迪拜朱美拉棕榈岛（Palm Jumeirah）以及一系列皇家豪华住宅的设计。

塞尔比的项目管理能力来自多年来在施工现场积累的经验。他出色的施工管理技能让玛莎·舒瓦茨景观事务所的设计实施更加流畅，在日程和预算管理上更能实现国际客户的需求，为大型复杂项目的建设奠定了基础。塞尔比全权负责事务所的项目施工情况，包括签订合同、提交方案和项目管理。

# 关于玛莎·舒瓦茨景观事务所

文：玛莎·舒瓦茨

　　玛莎·舒瓦茨景观事务所（Martha Schwartz Partners，简称MSP）成立已有30余年。在这些年中，景观设计行业本身已经发生了某种变形，也带我走上了一段令人惊喜的、未知的旅程。起初我并不知道这段旅程最终通往哪里，也不知道我会淹没在世界景观设计的大军中。通过设计，我认识了世界。这是一个神奇的并且在不断飞速变化的世界。30年前我无论如何想不到我的人生会是这样，那时候，公司刚起步，我们摸着石头过河，没有固定的模式供我们参照。现在我们仍然是一家小公司，大约25人。我们就像一粒蒲公英种子，在景观设计的风潮中飞过。

　　随着业务的发展，我们的事务所一再迁址。我们没有在各地建办公楼，我们只是简单地、不断地重建自身。我们的设计始于美国波士顿，我在那里设计了一批艺术装置，宣告了MSP设计的开始。之后我们到了纽约，从Arquitectonica建筑事务所那里接手了第一个真正意义上的项目。纽约之后，我们又到了旧金山，仍然是做小型的、但却充满想象力的景观设计，跟我们合作的开发商都是不愿投入资金却想做一些有趣的项目。直到在加利福尼亚，我们才做了我们的第一个国际项目，位于日本。

　　接下来，1992年，我们回到马萨诸塞州的坎布里奇，我开始在哈佛大学设计研究生院授课——现在我仍然在那里兼课。我们做了很多美国的公共景观，欧洲的项目也有。我们对公共景观的兴趣将我们引至欧洲，那里有着真正的"公共环境"（"Public Realm"——这个概念我常常要向美国人解释）。1996年，我们在英格兰曼彻斯特设计了一个广场，非常成功，于是，2005年，我们在伦敦成立了我们羽翼未丰的公司，进军英国。

　　英国和欧洲城市的市长对公共环境景观的价值有所认识，知道这类景观能让他们的城市保有竞争力。投资公共景观是他们文化的一部分，人们也更容易接受景观中的设计与艺术。我们很高兴看到，欧洲人，相较于美国人来说，对环境主义的认识更为先进。他们已经认识到城市的"健康"这个维度，而在美国，人们才刚刚对屋顶绿化感兴趣。在环境意识更强的文化中工作和学习，同时，这样的环境也是高度城市化的，这对我来说，简直是置身于天堂。而且，伦敦所处的位置非常好，我们很容易进军欧洲和中东——这两个地方是我们从2004年到2009年的工作重心。

　　现在，我们做得越来越多的是中国的项目。尽管充满挑战，但是，身处在中国乃至世界景观行业的改革浪潮中，这也给我们的设计带来无限机遇。中国人学东西很快，他们很快会加入全球气候变化与环境立法的领导大军。同时，中国人也是雄心勃勃的，他们既有深厚的文化底蕴，又有着青春的蓬勃朝气。中国人对新的理念和想法持开放的态度，不惧怕改变。面对中国巨大的景观市场，作为景观设计师，我们拥有前所未有的机遇，能够将以环境为本、以人为本的城市规划理念渗透到人们的社区发展意识中。在这里，景观设计行业可以说占据了天时和地利。

现在，我们在上海有一家小公司，为我们翻译中国文化，帮我们沟通设计方案的施工。我们摸着石头过河也终于摸索出一条道路，穿越了大半个地球，来到全新的地方，为这里需要我们的人们服务，设计充满想象力的、可持续的景观，营造人们喜爱的、能够创造价值的环境。

1974年，我偶然之下考取景观设计研究生院时，几乎对这个行业一无所知。我的童年和本科生涯都是在艺术院校度过的。我选择景观设计专业的原因并不复杂，我当时对它一无所知。我想学习如何建造大型艺术，因为我是"大地艺术"的忠实追随者。"大地艺术"（Earth Works）在20世纪60年代末、70年代初成为艺术界的新宠。一批"大地艺术家"，诸如迈克尔·海泽（Michael Heizer）、理查德·朗（Richard Long）、瓦尔特·德·玛利亚（Walter de Maria）和卡尔·安德烈（Carl Andre）等，让艺术走出展览厅之外，在美国西南部的土地上建造了一批大地艺术品。这些艺术与其所在的景观环境融为一体，相互呼应。它们是当时蓬勃发展的环境运动的晴雨表，透过一种全新的、现代的滤镜，让我们意识到这些景观的美。这是"因地制宜的艺术"这个概念首次进入我们的专业词汇表。我当时就知道，我想要创造能够与环境相融的艺术，要利用城市环境进行艺术探索。

虽然我原本觉得进入景观设计领域是探索上述艺术追求的合理方式，但我很快发现，全班30人当中，只有我跟另外一人，是有美术背景的。在研究生院的第一年，我学到了五件事：

重庆凤鸣山公园。图片版权：张虔希

1. "好"的景观并不会显露出背后创造它的那双手。

2. 艺术与景观之间并无关联。

3. 遵守环境政策与进行艺术创作之间并无关联——你必须在两者之中选择其一。

4. 如果依附建筑，必然涉及问题。

5. 生态自有其美学意义。

这些"重要事实"我不能苟同。在30多年的设计生涯中，我一直在审视这些先入之见——景观"应该"是实现我们所做的艺术的某种跳板。我试着站在艺术的立场上看待景观环境，质疑我们的既有思维。我将景观视为艺术的媒介，通过它，我们用一系列的材料进行创作：土地、水、天空、活的植物以及你所需要用来表达自身的一切其他材料。有了这些材料，再加上丰富的想象力，景观可以是一种文化艺术的形式，就像雕塑、油画、舞蹈和建筑一样。

当然，这并不是否定环境的风土性；任何景观设计都需要以当地环境的风土作为基石。人造景观环境，除了作为一种功能齐备的自然环境之外，还需要有人的参与。我们的行为、心理、文化、社会，必须包含在我们创造的生态系统之内，只要我们想实现真正的可持续性。人（坏的）与自然（好的）之间的辩证关系古而有之，但是放在"景观"这个领域内，二者的矛盾变得更为激烈。在我们的神话故事中，在我们的印象中，我们将二者严格区分，在很多文化之下都是如此，而这些文化在飞速的城市化进程中会发生激烈的碰撞。我们似乎没有认清这个事实——我们在建造我们本身生活于其中的景观。我们将景观视为我们幻想中的某些浪漫景象的实现，却没联想到那就是我们工作和生活的环境。我们让自己无限接近我们幻想中的大自然，就像把最爱的泰迪熊玩具随身携带。然而，我们却无力阻止视觉环境恶化，这已经成为我们21世纪世界的现状。

在过去的30年中，随着环境主义和全球化观念的联合，随着我们逐渐认识到我们都面临着有限的资源，景观设计行业经历了飞速发展。我们是"绿色行业"，所以我们发出的声音更大，我们的技能现在也更受到需要。我们在帮助人们意识到，对景观的认识必须超越园林的概念；景观是功能性的、多层次的系统，是城市建设的基石。健康的、有着环境功能的景观有益于人类身心健康，能够提升人们的生活品质。

在城市中生活需要有更高的资源利用效率。于是我们面临着这样的难题：如何让人们在高密度的人造岛屿（城市）上实现最环保、低碳、高品质的生活？答案是：城市的建设要基于良好的生态规划；城市的设计要以人为本。如果不能将这两个目标一起摆在最重要的位置上，我们就永远不能实现全球可持续发展。现在有太多生活在城市中的人们在可持续性的问题上完全忽视了人的存在。要想实现最佳效能，城市必须建立在以环境为基础的规划之上，将低碳与可再生资源、人性化设计、社区需求作为重点探索的目标。景观的功能必须多样化，以减轻交通的负担。换句话说，在规划中对人的考量要先于对交通的考量。

在城市的脉络与结构中，我们必须回归那些滋养我们人类需求与行为的环境。街区应该是一个适宜步行的环境，人们可以方便地购物，开展日常人际交往，可以步行或骑自行车去上班，而不是被禁锢在高高耸立的建筑物中，出门就要依赖汽车。人们可以安全、便捷地穿过马路，而不会为周遭汽车的速度、噪声和污染所困扰。街区之间通过树木林立的街道、小巷和自行车道相互衔接，共同形成一个更大的环境框架，融入城市基础设施。对于提升生活质量很重要的一点是：人们需要一种庇护感和愉悦感，而多样化的绿色开放式空间能让我们远离城市生活的压力。最后，人总是尽力在生活中发现一切的美。美好的城市环境会吸引人们选择这里来居住。经过良好设计的、以景观为导向的城市规划，是我们建设这种可持续型环境的最大的梦想。

美国景观设计大师盖瑞特·艾克勃（Garrett Eckbo，1910—2000）1950年出版了《生活的景观》（Landscapes for Living），在书中探索了创意景观与社会互动之间的关系。这是景观设计领域近年来缺失的一个话题。我们的理想是超出项目用地的范围，在城市的维度上建设景观，但是同时，我们似乎忽略了人的维度，也忽略了我们景观设计中的艺术与设计所能表达的情感意义会为拉近人与人之间的关系创造的价值。盖瑞特·艾克勃和劳伦斯·哈普林（Lawrence Halprin，1916—2009）——现代景观设计的两位奠基人——都是人道主义者。他们知道，我们必须关注人，关注人与自然的和谐共存，营造真正为人所喜爱的、同时具备文化意义的景观环境。由于景观行业维度的不断扩展，对这个话题的讨论也发生了演变。理论上来说，我们应该能够设计各种体量的项目。然而，由于我们要处理城市化的宏观问题，要将各种信息进行整合，形成多层次的开发策略，处理复杂的城市问题，我们往往忽视了人的维度和人性化设计的重要性。在这个维度上，应该有人性的表达，有对细节的关注，总之，处处为提升使用者的生活品质着想。人们能够清楚地看到，你设计这个环境是否融入了人文关怀。反过来，人们对这个环境的理解也会影响他们对自我的评价和定位。这些都是存在于人的维度上。人们会知道一个环境的设计是否融入了尊重、幽默和个性。在人的维度上，设计就是在讲述环境背后的故事，为与这个环境接触的人们创造意义、联系和价值。如果我们的设计无法得到人们真正的珍视，可持续性就无从谈起。

高品质设计很重要，能够创造让人与之发生互动的环境。艺术是一切设计的基础。艺术家是视觉环境的研究者，他们反思什么设计在某个文化背景下最符合当地环境。艺术是对我们自身的反思。设计与艺术二者密切相关，能够表现思维，也是智力交流和情感交流的一种工具。正是通过情感，我们才能建立人与人之间的紧密关系。在情感的维度上，艺术与设计才是最强有力的。

最重要的是，作为设计师，我们能够创造美。美是一种极具争议的品质，它很难定义，也就很难具体来谈。但是，它是所有人都认得出的。对美的认知会由于文化的差异而有所不同，但是，所有人都会对美不由自主地有所反应，所有人也都应该能在他们的生活中享受美。

最后，本书中囊括的作品是MSP许多才华横溢的设计师工作多年共同努力的成果。我们的内部工作信条是"唯创意论"：选择最好的创意。而我的工作就是去支持并帮助进一步开发这些创意。我们的设计师（我只是其中之一）同心协力，所以我们才能有源源不断的新鲜的创意。正是通过奋斗在设计第一线的设计师的努力，我们的作品才体现出如此丰富的内涵和表现。我们的设计的一大特点就是：我们没有固定的风格，下一个创意可能来自任何一位设计师天马行空的想象。我们每一次的设计总是创造出一种独一无二的景观，根据项目所在的特定的环境和委托客户的要求量身打造。每个设计都有它背后的故事。

MSP始终关注设计、城市环境与环境营造。随着我们对城市环境的可持续开发理念的理解不断加深，我们自身也一直在成长，可以驾驭各种体量的设计，包括大型项目的规划和设计，我们会在其中融入生态系统，同时保证环境对人的吸引力。不论是做小型的临时公共设施，还是大型滨水区开发，我们都抱有同样的热情。在城区开发中我们是很好的合作伙伴，代表了项目中的开放式空间或者公共环境。我们能领导大型团队，与其他方面的专家合作开展设计，将工程、社会、文化等方面的信息融入到景观设计中，确保景观的生态功能和使用功能，让人愿意使用这样的环境，喜欢这样的环境，进而愿意再到这样的环境中来。我们的目标是直抵人心，用我们的设计引导人们去思考、感知、探索、享受，进而为他们的生活带来美与乐。

# 不只是设计
## ——景观设计师与全球生态危机

文：玛莎·舒瓦茨

我想，人为的原因造成气候变化，这一点现在已经是毋庸置疑的了。美国宇航局（NASA）气候专家詹姆斯·汉森（James Hansen）关于气候变化的多项预测都已经得到了证实。最近，汉森又发表了一个无情的预警：气候变化一旦到达某个临界点，其负面影响就是不可逆的，而我们现在正在接近这个临界点。

以下是一些令人担忧的现实，足以证明全球变暖问题已经刻不容缓，其发展速度比我们预期的更为严峻：

1. 2015年是有史以来地球上最热的一年；过去的十年是自1880年以来最热的十年。

2. 2015年11月，官方已经确认，地球气温升高了1摄氏度（但外界一致认为这个数据还很保守）——而2摄氏度是避免灾难性全球变暖的安全警戒线，我们已经走到一半了。

3. 东西伯利亚北极大陆架正在释放甲烷——这是最具威胁性的一点。

我们已经超出了二氧化碳浓度临界点，现在已经达到的二氧化碳浓度相当于每天在用40万枚广岛原子弹给陆地、空气、冰山和海洋加热。现在，全球海洋温度比140年前升高了1摄氏度。变暖的北冰洋正在造成东西伯利亚北极大陆架的永冻层融化，向大气层中释放甲烷。这种气体的吸热能力是二氧化碳的20~30倍。北冰洋深海区蕴藏着大量甲烷，即使只释放其中的一小部分，也会造成地球大气层平均温度暴涨10摄氏度。

最近针对西伯利亚北极圈的研究显示，现在海底释放甲烷的速度正在加快。这样的事实让我们不得不做出这样的科学预测：甲烷的灾难性释放，或者"泡沫式"爆发，会突然发生或者在未来

北京北七家镇科技商务区。图片版权：张虔希

几十年内出现。这会造成全球变暖的速度以指数方式增长，比我们之前所预测的更快地带来全球灾难。

50年前，景观设计基金会（LAF）发表了《关注宣言》（Declaration of Concern），正确预测并回应了1966年的环境危机。当时出台的生态保护方案和环保教育普及目标现在已经实现。然而，现在，我们面对的是一个十分恶劣的新挑战。1966年，描绘我们环境蓝图的规划师们还无法预见全球化或者人口爆炸，无法想象矿物燃料的使用和消耗会完全超出他们美好的愿望——通过有责任感的设计来实现可持续发展。

我不再认为，我们这些个体的、有责任感的设计从业者，能够为避免这种早已预测到的危机做出什么有效的贡献。因为，我们已经进入了一种紧急状态。我们没有另外一个五十年了，甚至连十五年都没有。我不得不悲伤地指出，我们最杰出的设计，在全球变暖问题面前，也将无能为力。我不是建议停止我们优秀的设计或者停止行使我们设计从业者的个人职责。但我今天想要传达的信念是：我们必须超越景观设计，直面全球环境危机问题。

现在，摆在我们所有人面前的问题是：我们要做什么才能避免我们的和谐生活图景崩塌？当气候变化的影响比我们预期更快地发生，我们作为立志于服务自然环境的人类群体又能够做些什么？

今天我在这里做出的宣言是号召我们大家起来行动。我们必须积极为地质科技的实验和发展投入资金，来应对人为造成的全球变暖，直到二氧化碳排放量降低到要求的标准，而我们也成功转型为可持续能源经济。

我们首先面临的任务，是发展科技，降低北极圈温度，因为北极冰层融化可能造成甲烷的大量释放，这是地球当下面临的紧急危机。我们已经开发了一些"太阳辐射管理"技术（SRM），有望有效地快速降低北极温度。我们应该继续为这一目标的研究和开发投入资金支持。

同时，我们必须关注减少当前大气中二氧化碳含量的方法，通过"二氧化碳排除"过程（CDR），降低污染度，缓和温度升高的情况。

最后，减少全球温室气体排放必然是当前任务的重中之重。那么，利用二氧化碳捕集和封存技术（CCS），减少现有的、新建的以及拟建的发电站的碳排放，尤其是煤炭中所含化石造成的碳排放，也迫在眉睫。

科学家已经发现了实现上述目标的各种方法，更多的新方法也会不断出现。因此，实现上述目标在技术上应该可以预期是可行的。但是，技术应用之前的研究与测试仍必不可少。我认为，科学能够帮助我们摆脱现在的危险境况，为我们争取时间，这样，未来长远的零碳排放目标最终也能实现。

因此，我想呼吁我们行业内的组织机构，能够关注设计的政治维度，制定有效的环保议程，说服我们的决策者和领导人去支持大胆、前卫的研究，积极开发能够避免北极圈甲烷排放、捕集和封存二氧化碳的技术。我们必须对政府施加压力，迫使其为类似"曼哈顿气候变化缓和项目"那样的决议出资，直面我们现在面临的环境危机，尤其关注北极圈的甲烷排放问题。这项政治议程也应该在社交媒体上发声。现在，各种社交媒体是政治宣传发生的重要手段，签名和请愿能让掌权者听到来自人民的声音。这就是现代版的街头游行抗议。我们必须成为网上战士。

我们是一个接受了良好教育、有专业知识的群体，我们所处的社会地位让我们能更容易地影响别人。我们团结起来就能唤起公众的环境危机意识，进而带来一些改变。更进一步来说，我建议，我们作为有奉献精神的景观设计师，应该尽快发起一场气候保护运动，我们行业内最具权威性的两大组织可以统筹这项运动：美国景观设计师协会（ASLA）和景观设计基金会。我们必须敦促这两个组织，对当下气候问题的严峻性给予官方的承认，配合并支持有行动力的其他组织机构的力量，比如350.org网站、"地球之友"（Friends of the Earth）、绿色和平组织（Greenpeace）、《北极新闻报》（Arctic News）和"北极紧急情况小组"（Arctic Emergency Group）等，他们都在为气候变化政策和行动积极奔走。

最后，美国景观设计师协会在华盛顿有一个游说议员的团体。我们必须积极发挥学术权威和政治作用的影响，战略性地推进环境营救计划。

概括起来，可以说我的建议是：我们要从个人的设计实践转向集体的政治行动，目的是督促我们的政府为以下目标而努力：

1. 发起降低北极圈温度、解决甲烷释放问题、积极排除二氧化碳的国际行动浪潮。

2. 积极采取有效措施，宏观控制全球二氧化碳排放。

3. 迅速实现向100%可再生能源经济的转型。

我希望，全世界最优秀的科学家们能为我们争取宝贵的时间，让我们能够避免气候变化影响的急剧恶化。然后，我们才能有第二次机会，去学习如何与地球和谐共生。但是，现在，我们必须采取行动。

注：本文是作者受景观设计基金会（Landscape Architecture Foundation）之邀，为2016年6月在费城举办的"新景观宣言：景观设计与未来"峰会撰写的演讲稿。组委会要求25名受邀演讲者各写一篇长约1000字的"宣言"，讲述景观设计师如何应对未来50年的发展和挑战，并做出自己的贡献。

北京北七家镇科技商务区。图片版权：张虔希

# 公共环境的增值

文：玛莎·舒瓦茨

　　我住在伦敦的时候就意识到，对英国人来说，英国的乡村环境绝对是他们文化标签中固有的一部分。在英国的历史、艺术和文学中，人们就一直在保护乡村环境。乡村环境已经成为英国绿化带的代名词，成为英国人的一种本能的责任，甚至是道德上的义务。乡村环境不仅代表了英国的特色形象，也跟这个国家的价值和魅力息息相关。那么，你就会明白为什么我会觉得很奇怪：英国在保护城市绿色空间上面所花费的时间和金钱，与他们花在乡村环境上的时间和资源，是多么的不对等。

　　很明显，城市绿化空间和乡村环境的保护都很重要。然而，在城市环境中，我们努力建设的应该不仅仅是创新的建筑，更应该是建筑周围和建筑之间的那些充满无限潜能的景观空间。公园、绿地，尤其是建筑之间空地的绿化，应该与周围的"硬景观"形成一种对话关系。通过让这两个范畴产生交集，我们就能实现MSP在设计中所倡导的"公共环境的增值"。这个概念可以进行如下定义：通过公共环境的改造设计，让城市充分发掘建筑之间的空间，进而提升该地的美学价值和经济价值。

　　举例来说会更清楚。我们以花园的增值为例。在英国，如果能附带一座小花园，在大部分情况下，能够提升房产的价值，尤其是在城市里。园艺活动其实是美国人最喜欢的业余爱好，被视为展现个性的一种方式，既在自己家庭范围内，同时也影响到周围住宅区的环境。确实，我们可以策略性地使用喷泉、花池和其他花园观赏元素，来掌控属于我们的这一小片景观，借此体现我们的个性，同时提升房产的美学价值和实际价值。我在"51装饰"（51 Ornaments）这个项目里就是这么做的。这个项目，我们接到的设计任务是打造一座观赏性的花园，突出美国和德国文化上的相似性。我想通过人们对花园的装饰方式来表现这一点。花园的形象表现出一个国家的民族性格。我认为，这不仅能表现一个城市的文化形象，也能提升其经济价值。

　　如果说附带花园能够提升房产价值，那么，公园或者绿地附近的房价更高，也就不足为奇了。那么，问题来了：为什么英国和美国的开发商还没有为提升房产价值去关注公共环境呢？尤其是在当前这种经济形势下。

　　公共环境的增值可以从私人花园延伸到公共空间。纽约中央公园（Central Park）就是个很好的例子。这座公园可以说是美国的标志了，其意义相当于英国的乡村环境，已经成为纽约人文化认同中不可或缺的一部分。中央公园建于1895年。令人惊讶的是，建成之后不到15年，周围地区房产的价格就暴涨超过四倍，总体价值从5300万美元飙升到2.36亿美元。

　　你只要看一看中央公园最新的扩建，就能大概了解一座公园或者一块绿地能给一个地区带来的附加值。在当前经济萧条的背景下，这种增值效果就更惊人。中央公园西部号称"终极奢华"的曼哈顿大厦，公寓房刚刚销售一空，楼盘净赚18亿美元，创下北美新建住宅建筑的最高纪录。

　　做个对比会更清楚。雅虎目前的净价值是将近5290亿美元，而中央公园每英亩土地价值6.27亿美元，比美国2006年的国防预算还高出26%。因此，可以说，如果没有开发中央公园的话，曼哈顿大厦的总价值会少很多。

中央公园毫无疑问是一座闻名世界的公园。但是，它并不是一个孤立的个例。尼科尔斯（Nicholls，2004年）、鲁特斯和奈特希尔（Lutzenhiser & Netusil，2001年）以及鲍里泽尔和奈特希尔（Bolitzer & Netusil，2000年）关于公园对房产价值影响的研究均发现，房产价值与房产靠近绿地二者之间有着重要的、积极的相关性。比如说，芝加哥的一个价值14万美元的住宅开发，要直接归因于千禧公园（Millennium Park）的建设。因此，很明显，开发公共环境对于促成新的住宅开发项目，有着至关重要的作用。游客在这个地区的消费额乘火箭上升，这里的酒店也利用千禧公园来宣传，包括网站、宣传册、电话录音、免费用品等，赚得盆满钵满。

千禧公园虽然是芝加哥城市扩张计划中的一部分，但它本身已经为周围地区带来广泛的巨大价值。从直接的就业机会，到通过游客消费获得的税收，千禧公园已经成为芝加哥的一项重要资产，它本身也成就了一个完美的成功案例。

根据我的经验，投资公共环境的开发，也能给一座缺乏文化认同的新城树立形象标签，有助于营造社区凝聚力，发展招商引资，还能促进就业和旅游。很多雄心勃勃的新开发的城市已经用他们创新性的项目证明了这一点。以叙利亚首都大马士革的儿童发现中心（Children's Discovery Centre）为例。在这个项目中，我们面对的挑战是如何增加大马士革儿童的教育机会。我们跟汉宁·拉森建筑事务所（Henning Larsen Architects）合作，设计了公园和发现中心，未来这里会是一个教育规划的中心。这是一个地标式的项目，尽管结果还有待验证，但我现在可以很自信地说，这个开发项目会给当地带来巨大的经济效益。

再来说伦敦。城区1600平方千米的面积中，40%由绿地或水体占据。我们很欣慰地看到，伦敦的公共环境开发正在觉醒。在当前经济不稳定的情况下，在2012年伦敦奥运会的余韵中，伦敦必须继续在公共环境领域进行实验性的开发。城市规划师们必须记住，建筑——即我们工作和生活的环境——是景观环境的一部分。美国还有大量的公共环境潜能有待开发和升值。事实上，美国可以从伦敦的开发中学到一些经验。举例来说，纽约城市规划（Plan NYC）建议所有纽约人居住在距离公园10分钟的步行路程范围内，可以说这代表了这座城市的可持续发展目标和公共环境开发议程。

因此，与其简单接受那种千篇一律的、一潭死水的开发模式，不如去探索公共环境的增值。这个概念可以应用到所有未来开发项目中，不只是一些孤立的个案。尽量关注公共环境，正如英国关注乡村环境一样，英国（我们希望也包括美国）将会不仅为其建筑创新而骄傲，更为景观环境的创新和增值而自豪。

# 我讨厌自然
# ——来自美国的警告

文：玛莎·舒瓦茨

作为一个美国景观设计师，我想以我的经验作为供世界借鉴的一面镜子。我们居住在一片新开发的、人口稀少的土地上，美丽的自然景观是我们的骄傲，不幸的是，这种资源也在衰减。尽管面对着各种反面证据，自然景观的神话仍旧在我们的脑中、心中，尤其是在媒体宣传中经久不衰。我们现在正站在十字路口。我们需要慎重选择。

我讨厌蜘蛛，讨厌地震，讨厌遗传病和艾滋病。自然是肮脏的，鸟儿总是在我车顶拉屎。自然造成死亡。自然占据了我们太多空间。自然把冰雹弄到路上，让细菌进入我们的客厅，让雨水从窗户进到屋里。

真正的自然跟我们对自然的美好想象完全是两回事。我跟大多数人一样，也想要自然——功能性的自然，安于其位的自然。

我们美国人对自然的看法，我们思考自然的方式，跟我们占有自然、利用自然的方式，完全不同。

我们都说，我们热爱自然，但是如果我们停下来想一想，忠于我们的内心，我们就能看到我们说的和我们做的之间有着多么根本性的不同。所有那些宣称热爱自然的人们都很有必要做一下这样的反思。现在我们所说的自然，似乎是一件商品，你可以买一点，放到环境里面——这个环境本身也是在我们的意志之下的一个人造产品。这样的自然能够为我们所用，不幸的是，我们要用的不过是在不影响便捷性的前提下有风景可以欣赏。

我们美国人一直以来信奉一种神话，认为我们生活在一片开阔的大陆上，这里有着取之不尽的、美丽的自然资源——这在一定程度上要归功于麦迪逊大道（Madison Avenue，美国广告业中心）的那些广告狂人，这些人不知道怎么灵机一动，从一代代的探险家那里学来一套，把自然祭上了神坛。媒体宣传让我们心中总对狂野的大自然充满向往，从工业化时期直到信息时代，贯穿美国"西部大开发"（西进运动）的浪潮。

从某种程度上来说，尽管我们的开发已经进行到（甚至超过了）加利福尼亚，我们仍将自己视为来到一片开阔土地上定居的一群新移民。我们坚信一系列的"事实"：我们的土地是无穷无尽的；土地上的资源是取之不竭的；信赖底线式管理和底线式思维（所谓"底线式"即：认真计算风险，估算可能出现的最坏情况，并且接受这种情况）。对这些神话的信仰让我们无法清楚地看到，在如此之短的时间内，我们的土地和景观已经遭受了什么。即使我们暂时把缺乏政府监管这个问题放到一边，我们是怎样让自己对这样的丑陋环境视而不见？

基本上，问题可以归结如下：不论我们如何看待，自然就在那里——不是我们生活、工作、购物的地方。更重要的是，自然不包括我们（人类）。一旦自然给我们造成干扰，我们就投向高科技的怀抱，去计算怎么能够夺回掌控权，解决问题（比如乳房下垂、皮肤粗糙、牙龈萎缩、癌症等问题），全力以赴让自己不受到自然的伤害。

美国人正以前所未有的速度远离我们所幻想的自然。真正的自然会干扰我们的经济目标，为避免这种情况，我们正在努力牵制自然。

我们似乎需要越来越"小剂量"的自然。如果你想要很多，你可以开车或者乘飞机去看——国家公园里就有你想象的那种野性的自然。可是，在我们的日常生活中，在砖石铺砌的广场角落设置一处花池就能让我们满足了，或者在地下停车场上弄个"屋顶花园"。我们把U盘做成树枝形，穿印有绿色树叶的T恤。我不是在诋毁这些东西，东西是无罪的。但是，我想强调的是，我们这些有着象征意义的行为，对大部分人来说，就足够亲近自然了。我们并不想跟那个真正的自然去亲密接触。

我们满足于这些象征性的亲近自然的行为。于是，美国人正在做的环境建设，带来的是环境和美学的双重衰落。我们正在无限繁殖我们的"低密度"开发，或者说，在以惊人的速度向外无尽地进行扩张。我们得到的是大规模的开发区、城郊、城郊再拓展的开发区以及四通八达的地铁。这就是我们未来的命运。

现在，美国的城市开发议程除了营利似乎就没有其他目标，"低密度"开发（城市扩张）在未来十年中很可能大量增加——根据美国城市土地学会（ULI）数据。我们的自然神话以及在它蒙蔽之下我们对现实的视而不见，让我们走到了今天这步田地——活在无限扩张的环境里，没有审美可言，文化孤立，受困于与生态系统的无尽冲突中……

关于自然，我们说的和做的完全脱节，我们对自身在自然中所处的位置有着错误的认识。这让我们对建筑环境无法形成积极的、成熟的态度。

我们必须认清这样的现实：我们的环境在很大程度上是由我们塑造的。这是一把双刃剑，因为这意味着我们能——或者不能——决定我们环境的物理形态、密度、功能，等等。到目前为止，我们对狂野大自然的迷恋给我们带来一种非常矛盾的感觉：由我们来决定景观的形态是否恰当？

我们美国的这种狂野大自然的思维范式，让我们一直无法形成一个清晰的思路：人类活动给我们的景观带来怎样的影响？如何能够建设性地解决这种困境？荷兰人正相反，他们的文化让他们清楚地认识到，他们的本土景观就是一种人造艺术，因此他们对于建筑和开发有着更加务实的态度和方法，带来的是更加健康、更加可持续的环境。

相反，在美国，我们把景观和自然当作一回事。所以，我们认为，任何的人造景观环境都有一种道德上的义务：景观要代表自然——只要树木别挡了建筑物的视线就行。大多数美国人相信，"好的景观就是你看不到它背后人为的那双手"——伊安·麦克哈格（Ian McHarg，1920—2001）。在我们的世界观里面，人为开发的景观超出了"自然"的范畴，进入了一个虚拟世界，在这个世界里，环境是空白的空间，是让我们的建筑和服务发挥功能的平台，而建筑和服务当然是人造的，因而需要我们来决定其形态。

这样的观念带来的结果就是：美国的景观被孤立了，它代表自然，是一种微妙的存在。甚至大规模的景观环境，仍被视为是"一小块自然"。它跟人、社区、社会问题或思想意识无关。它应该是软的。它不应该有颜色——除非是绿色。最重要的是，它应该看上去很"自然"。景观不是展现人为操纵或设计的地方。

按照我们的观点，景观是上帝赐予我们的，

因此必须小心保持原样。如果景观发生了什么，比如被经济发展影响和污染，那么它立刻失去了上帝赋予的魅力，就不再值得考虑了。这就是第二十二条军规的矛盾逻辑。在这一点上，我们很像维多利亚时代的人，认为女人不是天使就是婊子。当我们表示放弃自然，那我们就真的放弃它了。

这种天使/婊子的二元对立思维有多明显？看看我们是如何处理城市环境的就知道了。在开发商和设计师眼中，"大型停车场"和"建筑物之间的空地"根本无足轻重，在"重要空间"的神殿面前毫无存在感。

公众对这种无视也听之任之，因为在城市扩张之下，我们大批量"生产"的建筑环境（包括停车场、人行道、街道、小巷、运输通道等），根本不被视为"景观"。我们看不到这些空间，它们是一种不可触碰的存在。我们对这种情况的态度是：表示难过，无可奈何。我们对这类环境缺乏关注，预期很低，这只能让我们周围的环境变得更加消沉、丑陋。

我们将城市扩张视为我们国家的生存方式，但是这种生存方式是必然要终结的。它以不可阻挡的势头蔓延到美国各地，给美国景观环境带来不可逆转的伤害。

随着美国人逐渐意识到环境问题的重要性，我们现在不得不从不同的角度去认识周围的环境和我们的行为。扩张式开发带来生态问题，对文化和社会互动产生消极影响，造成平淡无奇、千人一面的丑陋环境。

我们定居的这片土地，曾经有着多么雄伟的自然景观，它恢宏的尺度和丰富的宝藏我们难以想象。我们把这一切视为理所当然。我们一面信奉着我们的景观神话，一面放任自己去开采我们最伟大的资源（景观），用于我们所能想到的任何经济用途。我们的生活很忙碌，没有时间去思考什么在衰落，什么在退化——那正是构成我们景观神话的基础。

我们仍然沉浸在这种幻想中，仍然认为景观和资源是不可穷尽的，认为我们只需要再往西开发一些新土地，发掘一些新资源。这些迷思让我们无法形成保护景观、服务景观、为景观考虑的文化。这样的结果就是：今天，我们伟大的自然景观只存在于国家公园用隔离带界定出来的范围里，只存在于麦迪逊大道的广告里，在那里经过精美的包装再来出售。——卖得不错。

这里我要引用美国著名诗人罗伯特·弗罗斯特（Robert Frost）的一首名诗《未选择的路》（The Road Not Taken）[1]：

黄色树林里分出两条路，
可惜我不能同时去涉足。
我在那路口久久伫立，
我向着一条路极目望去，
直到它消失在丛林深处。

但我却选择了另外一条路，
它荒草萋萋，十分幽寂。
它罕有人迹，因而更显美丽。
虽然在这两条小路上，
都很少留下旅人的足迹。

虽然那天清晨落叶满地，
两条路都未有脚印足迹。
呵，留下一条路等改日再见！
但我知道路径延绵无尽端，
恐怕我难以再回返。

也许多年后在某一个地方，

我将轻声叹息把往事回想——

一片森林里分出两条路，

我选择的那条无人涉足，

从此决定了我一生道路。

美国现在就是走到了岔路口，我们想两条路都选。我们一边沉浸在对狂野大自然的幻想中，一边不断销售我们脚下的土地，直到我们用虚无缥缈的"新城市主义"打造出无穷无尽的新城郊开发区，天真烂漫地建设着"与自然友好共存"的环境，用公路中间的分界安全岛，为它披上一件薄薄的绿色的外衣。

我们刚刚来到这里的时候，土地似乎广袤无垠，景观令人叹为观止，环境仿佛坚不可摧。看起来，我们似乎永远无法驯服这土地。可是，我们错了。我们正在以惊人的速度摧毁我们的视觉环境，变得不可持续，消耗越来越多的能源，对我们的城市和自然栖息地都带来毁灭性的伤害。同时我们还在影像中、在故事里、在美梦中不断美化自然栖息地。这就是美国的"发迹史"：我们是如何爱上、滥用并销售我们国家最伟大的资源——自然之美。

注：1. 路易斯·昂特梅耶（Louis Untermeyer）主编，《现代美国诗歌》（Modern American Poetry），纽约哈考特–布雷斯–豪出版社（Harcourt, Brace and Howe），1919年出版。

重庆凤鸣山公园。图片版权：张虔希

# 城市景观

文：马库斯·詹斯奇、伊迪丝·卡茨（Edith Katz）

深圳万科中心。图片版权：张虔希

地球上超过一半的人口现在居住在城市。在这种全球城市化的浪潮下，涌现了大批国际大都市，包括新城和老城，都处在城市开发的进程中。城市的功能性、宜居性和可持续性关系到我们的子孙后代，而城市景观则是决定城市面貌及其开发方向的关键因素。现在，城市景观的重要性已经迅速得到广泛认可，作为城市环境的决定性因素，它关系到城市能否提供健康的、环保的居住环境，吸引更多人来定居；能否创造经济价值，吸引资本，形成城市文化，让一座城市在激烈的全球市场竞争中脱颖而出。

过去的事实证明，好的城市景观确实有助于环境和人的健康，能让城市公共空间和社交活动空间给市民的生活带来积极的影响，打造独特的、令人向往的社区居住环境。MSP也在探索城市景观的上述功能，同时，我们认为，现代城市景观应该超越传统认知，它应该涉及到城市生活的方方面面，延伸到城市环境的每个角落，尤其是那些赋予城市以特色的、真正为民众服务的实用空间。城市景观这个概念所涵盖的内容应该更多，不只是传统意义上所说的公园或者屋顶绿化。要知道，我们的城市环境主要是由街道、人行道、停车场以及建筑外面的一切元素构成的。事实上，这些地方才是我们大部分时间所处的环境。

然而，正是这些常常被我们忽视的地方，才构成了为当今都市生活提供平台的城市公共环境。在建筑物之间的空隙中，充满了潜能无限、有待发掘的公共空间，这些空间能让人们更好地休闲、娱乐和交流。MSP在设计实践中一直致力于将这类空间打造成人性化的、细节上充满想象力的环境。在这个过程中，我们积极地激活城市公共空间，用高品质的设计带给城市自然与美，娱乐性与趣味性。在我们的设计哲学中，我们坚信，公众的参与和使用，基本需求的满足（包括交流、身份认同和环境享受的需求），才是让城市景观变得如此重要的深层原因。人类需要身份认同，把不同的街区和环境区分开来，尤其是在当前全球化急剧发展、居住环境趋于同质化的背景之下。

　　景观成为一种支配力量的另外一个原因是：我们开始关注城市环境和可持续问题。好的景观设计具有良好的功能性，能够缓和高温，调节水循环，实现雨水再利用，降低能源消耗，减少碳排放，吸引野生动物，提升居民健康水平和城市生活质量。在解决环境问题的过程中出现了许多新兴科技，景观设计也越来越关注生态。然而，不论所用的技术有多先进，不论项目多么生态环保，如果人们不喜欢这样的城市景观，那项目就不会成功。因此，MSP非常重视设计的艺术表现，视之为设计中的一个至关重要的因素，同时兼顾可持续性与生态环保。设计赋予环境特色和个性，让人对环境产生归属感，人们会在使用空间、感受空间的过程中，与环境建立起一种情感上的联系。设计也能改善人与环境赖以生存和平衡的平台。

　　MSP致力于探索如何实现人与环境的平衡关系，在这一方针的指导下，我们设计了大批高度功能性的、实用的公共空间。这些空间构成了一种新型的公共环境景观，也是城市文化的舞台。MSP所理解的城市文化在景观中的表现，就是空间的面貌：社会以及其中的个体以景观的形式表现他们的文化向往，从中能看出他们如何看待自身以及世界如何看待他们。MSP开展跨学科的设计，横跨景观、建筑、雕塑、小品、园艺、工程、生态、科技和视觉艺术等领域，以不同的比例将上述各种形式运用到项目设计中，满足不同城市文化的需求。为提升城市环境的竞争性，委托客户经常会问MSP：如何让一个项目、一个社区甚至是一栋建筑的环境形象能够呼应其独特的社会、文化和民族特色，进而得到公众的接受和喜爱？我们的景观小品、环境营造以及大型城区开发项目在不断地塑造环境，我们的设计是环境的一部分，也是使用这个环境的人们的生活的一部分。

　　如今，景观是城市健康的重中之重，因为景观已经成为吸引那些寻求更好的生活品质的人们的重要因素。城市环境的美化，包括按照我们过去简单理解的建设绿地、栽种行道树，现在是用来吸引知识型工作者来到一座城市工作和生活的一种手段。良好的公共环境能够促进人们的社会交往，增加不同社会阶层的交流，减少用于能源、食品和运输的资源。这对于全球可持续发展的建设至关重要。MSP相信，这才是正在进行中的城市化进程发展的正确方向。

1、2.入口巨龙夜景

# 北七家镇
# 科技商务区

北京市昌平区的北七家镇科技商务区，是
北京科技商务区的一部分，也是这一商务区整
体规划的一期开发工程。项目用地面积约为6公
顷，是一个多功能开发区，包括住宅、办公与
零售空间。

建筑和景观设计以取得美国LEED绿色建筑
金级认证为目标，设计手法包括：高效节能用
水；缓和城市热岛效应，即减少铺装路面的面
积并提高绿化率；营造开发区内每个区域的"微
气候"，即：屏蔽冬季的西北风，促进夏季的
东南风。东南风经过南侧的大型水景后会更加
凉爽。

项目地点：中国，北京
竣工时间：2016年
委托客户：北京宁科置业有限责任公司

建筑设计：RTKL国际有限公司
面积：6公顷
摄影：MSP/张虔希

中央公园的景观设计以用地的使用功能为出发点。

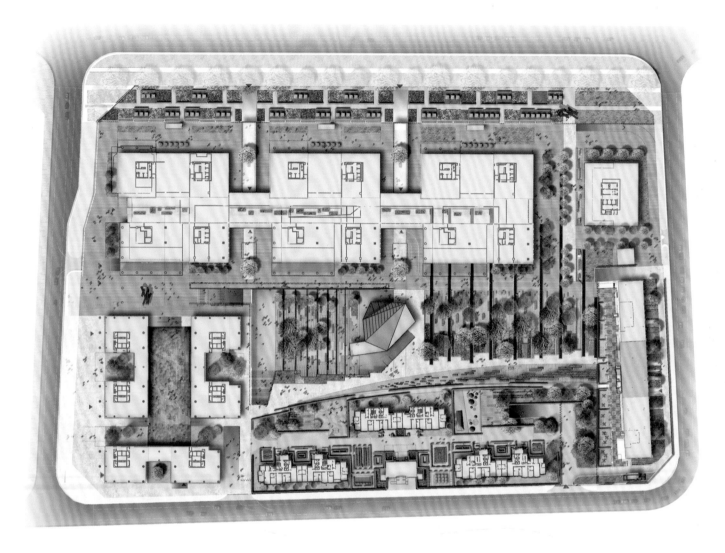

总平面图

本案的景观设计可以分为三个区域，每个区域满足不同的使用需求，分别是：商业零售区、中央公园和住宅区。商业零售区包括写字楼楼群周围的景观、写字楼之间的庭院景观、七北路林荫道和生态区景观，后者位于项目用地最北端，是一条生态景观走廊，其生态功能主要是收集并吸收用地上的所有雨水径流，形成一个湿度适中的生物栖息地。这里可以散步或闲坐。此外，开发区内极具现代艺术气息的两条标志性步道，其中之一也在这条生态走廊上，直通开发区的"绿色核心"——中央公园。中央公园是一片开放式空间，由"公共绿地"和"下沉花园"两部分构成。角落里的花园环绕着下沉草坪，花池里种植的是低矮的树篱、观赏性植物以及多年生植物。人们可以坐在花池的边缘，享受温暖的阳光，或者也可以躺卧在躺椅上，躺椅都设置在花园里阳光好的地方。从中央水景那边吹来清凉的微风，在城市的喧嚣环境中营造出海滩一般的氛围。

1. 设计的目标是通过景观将用地上的多种元素融合起来，呼应每栋建筑及其使用功能。
2. 中央公园是整个公共环境的绿色核心。

中央公园的另一大特色就是中央水景，使用的是经过处理的雨水，给附近居民以及广大市民带来戏水的欢乐，同时也将私密的住宅区与开放式公共空间分隔开来。

住宅区位于南侧，这里有小型花园，利用高高的树篱或者特色墙呈现出半封闭式布局，营造出比较私密的景观空间，适合静谧的沉思。这里也有为儿童准备的独特的游乐设施，适合各个年龄段的儿童。此外还有健身区、带水景的花园以及各式各样的座椅，有的设置在阳光下，有的设置在阴凉处。每个空间都有着独一无二的设计，都能让你度过一段快乐的休闲时光。一条健身小径环绕着项目用地，可以在上面慢跑或散步。

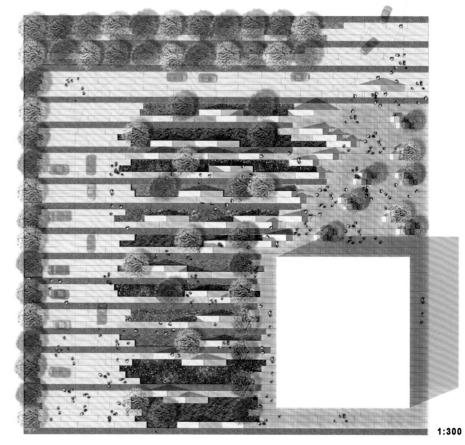

中央公园平面图

1:300

1. 中央公园南侧的带状水池，布置了条形花池和石质长椅。
2. 设计采用先进的现代水景技术。

雨水管理设计图

1. 来自非透水地面的地表径流
2. 污染物预处理与颗粒物分离
3. 地表径流中间存储池
4. 雨水径流进入植物修复池
5. 过滤装置
6. 中央储水池（存储来自多处的经过处理的雨水）
7. 观赏水池排出物
8. 内嵌紫外线净化器
9. 观赏水池
10. 水流再循环，进入中央储水池进行氧化处理
11. 排出的雨水用于灌溉（最好配备雨水传感器）
12. 水流进入观赏水池
13. 水泵（标准型）
14. 溢流

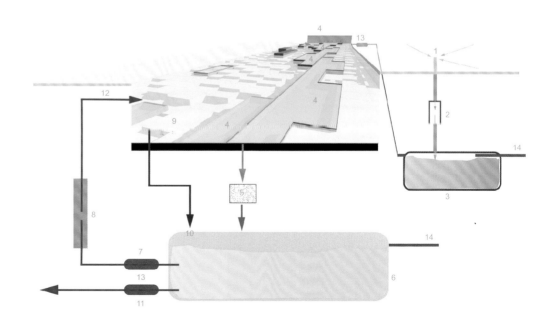

1. 主入口设置"雨水花园"。
2. 巨龙通道采用激光切割的钢条构造而成。
3. 巨龙盘踞西侧入口，象征着祥瑞。

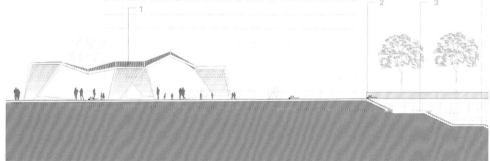

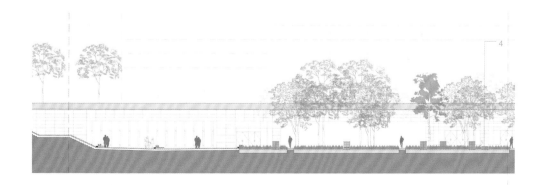

剖面图（展现地形高度变化）

（比例尺1：200）

1. 西侧入口
2. 连续扶手
3. 花岗岩台阶
4. 座椅B1

1、2. 中央公园里布置了舒适的座椅，让人们可以悠闲地休息、赏景。

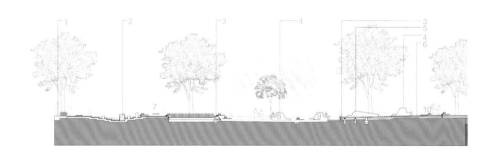

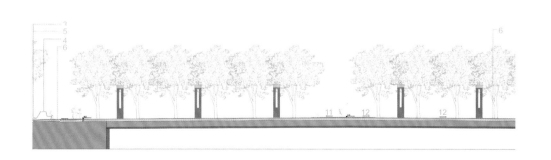

剖面图（展现地形高度变化）

（比例尺1：100）

1. 绿篱
2. 水景
3. 花坛矮墙
4. 座椅B2
5. 座椅B1
6. 花岗岩铺砖
7. 斜坡（1.00%）
8. 斜坡（1.25%）
9. 斜坡（1.5%）
10. 斜坡（2%）
11. 斜坡（0.56%）
12. 斜坡（0.2%）

1、2.地面立体几何造型具有多样化的功能：既是铺装，又是花池，也是景观小品和照明设施。

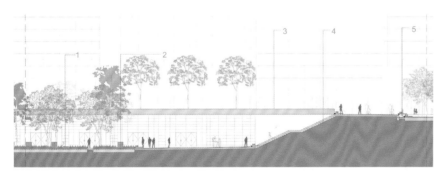

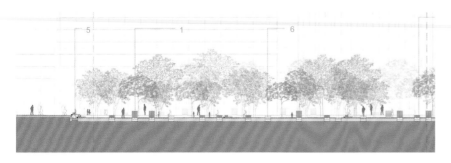

剖面图（展现植栽布置）
（比例尺1：100）

1. 座椅B1
2. 座椅B2
3. 连续扶手
4. 花岗岩台阶
5. 斜坡
6. 北侧台阶

1. 公共空间内布置了别致的造型元素，人们可以随心所欲地利用。
2. "雨水花园"的通道两边布置路灯和座椅。
3、4. 儿童游乐区充分利用了开阔的场地，同时利用借景的手法，用景观绿化的背景打造了一片游乐的绿洲。

1

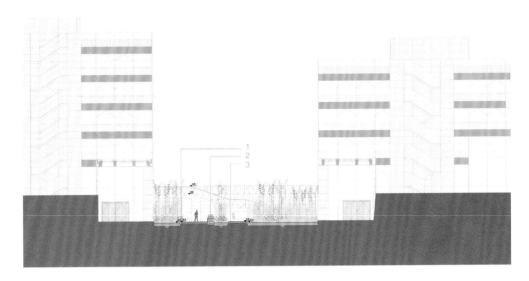

剖面图（展示铺装设计）
（比例尺1：100）

1. 花岗岩路缘（可承汽车重量）
2. 座椅B5
3. 花岗岩铺砖（可承汽车重量）

1. 街边花池
2. 街景一瞥

# 莫斯科儿童路

项目地点：俄罗斯，莫斯科
竣工时间：2015年
委托客户： Strelka KB城市规划咨询公司

面积：6.6公顷
摄影：MSP

1、2. 设计赋予街道空间多样化的使用功能，创造更多的共享空间，以行人的需求为设计出发点。

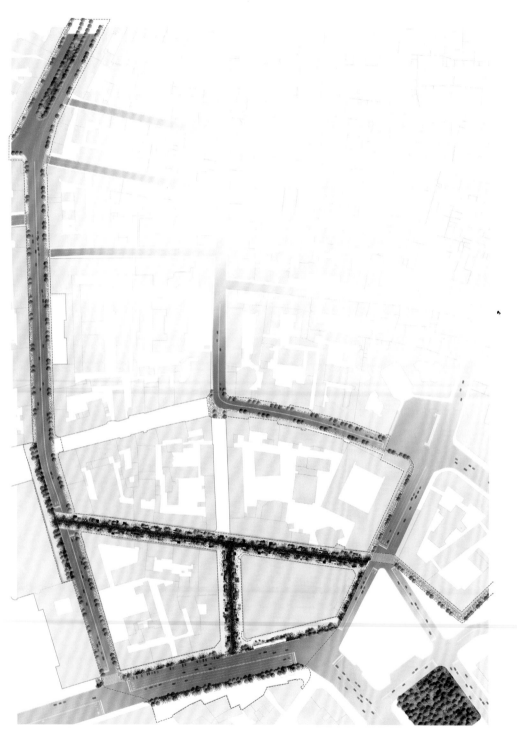

街道景观总平面图

Strelka KB城市规划咨询公司委托MSP为莫斯科市中心的莫斯科儿童路（Moscow Children's Route）重新设计街道景观。项目占地6.6公顷，东侧是卢比扬卡广场（Lubyanka Square），从东向西侧和西北侧延伸，一直到著名的中央儿童商店（Central Children's Store）和萨沃伊酒店（Savoy Hotel）。

项目用地的问题主要在于街道对行人来说不够人性化。原来的街道显得阴暗、沉闷，地下有复杂的服务设施和设备，阻碍了城市绿化的可能性。莫斯科有超过1200万的人口，城市交通无疑是机动车的天下，这里也不例外。

作为世界上最大的国家——俄罗斯——的首都，莫斯科的城市环境需要彻底改造，委托客户也认识到这一点。他们为这个项目的开发组织了设计竞赛，设计要求是将莫斯科改造成一个适宜步行的城市，适合儿童在户外玩耍，与环境互动。街道景观的设计要满足多种功能需求，包括：引入绿地和公共空间；提升步行的可能性；缓和机动车的流动；为行人打造安全、舒适的步行环境。

MSP的设计方案响应了莫斯科的发展要求。设计结合了多种街道景观元素，形成一个整体和谐的景观环境。MSP的目标是打造灵活、安全、令人愉悦的环境，满足21世纪城市的要求，同时，将项目造价控

制在一个可以接受的范围内。

材料的使用简单而又个性鲜明。黑白二色的花岗岩铺砖，搭配粗犷的混凝土花池、结实的木质街道设施和坚固的花岗岩护柱。街道照明简单而不失优雅，个别街边设施上还另有单独照明。

本案的儿童路由Pushechnaya和Rozhdestvenka两条大街构成，全部路段都改造成以行人为导向的公共空间。大型花池里栽种大量植物，解决了地下设施的存在带来的绿化问题。在公共空间内，这些花池仿佛雕塑一般，周围有座椅和混凝土台阶，适合儿童玩耍。其他休闲设施也布置在公共空间内，为市民营造了舒适的休闲游乐之所。

1～4. 街道共享空间。花池、座椅和混凝土台阶构成多样化的景观元素。

范琦路带状公园式街道景观——以现代景观设计手法诠释中国山水画。

# 范琦路北钓鱼台开发项目

项目地点：中国，北京　　　　　　　　　　　面积：3,400平方米
竣工时间：2014年　　　　　　　　　　　　　摄影：齐飞
中方景观设计单位：北京LaCime–日清设计

1. 长 3 千米、宽 9 米街道上的人造山脉。
2 ~ 4. 为营造山峦重叠的感觉，设计采用沿酒店围墙堆叠台地（花池）的方法。

北钓鱼台开发项目位于北京以北 50 千米的雁栖湖湖畔，MSP 负责该项目的景观设计。北钓鱼台开发项目包括安藤忠雄设计的一家温泉酒店，此外还有两个住宅区。这里是 2014 年亚太经合组织（APEC）会议的场地，开发商是获得雁栖湖土地开发资质的唯一私人地产开发商。

景观设计的构想是打造沉浸式的景观框架，将建筑囊括在一个统一的环境中，让不同的建筑风格形成一个协调的整体。除了整体景观环境规划之外，MSP 还负责设计若干区域内的具体景观设计，包括范琦路、住宅区的南北入口以及湖畔花园等。

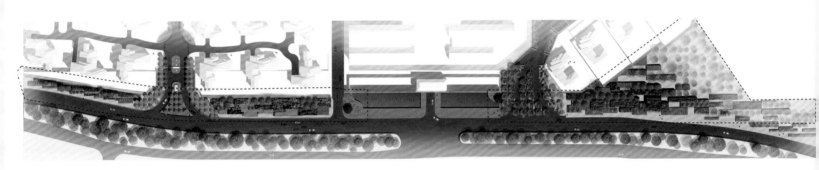

街道景观总平面图

台地标准剖面图

1、2.石材花池外设置水景，水代表福泽。
3~5.条带状的布置方式串联起所有景观元素，喻指山体的分层构造。

设计师沿范琦路打造了绵延340米的造景，仿佛一卷山水画一般徐徐展开，展现了中式园林景观的多样化的美感。造景采用石材，模仿山脉，高低起伏，相当于北钓鱼台的一道保护屏障。石材打造成一系列花池，里面栽种了本地树木、灌木和竹子等植物；同时，石材本身也以巨石的形式展现了中国地质的风貌。酒店中央的大门处设有水景，水流向下流至南北两侧，在造景山上形成瀑布，以流水象征活力与财富。造景于2014年6月竣工。

湖畔花园是一个充满禅意的静谧所在，就在安藤忠雄设计的酒店旁边。花园里设有五个温泉水疗馆，每一个都是隐没在树林中的一间精致的亭阁。水疗馆花园的主轴从这片林地中穿过，绿意掩映着一系列50米×10米的水景。水景的材料采用钢材，水在钢板上流动，水面如镜面一般倒映着周围的风景。水景的平面布局颇费心思，产生一种视觉上的幻觉，从酒店里看的话，会看到一片绵延的水面。能住进湖畔花园的少数贵宾可以在这些镜面水景中穿梭，近距离地欣赏。当范琦湖的水面升起雾气，水景下方的一切都笼罩其中，只能看到薄薄的一层水面，神奇地"漂浮"在清晨的薄雾中。

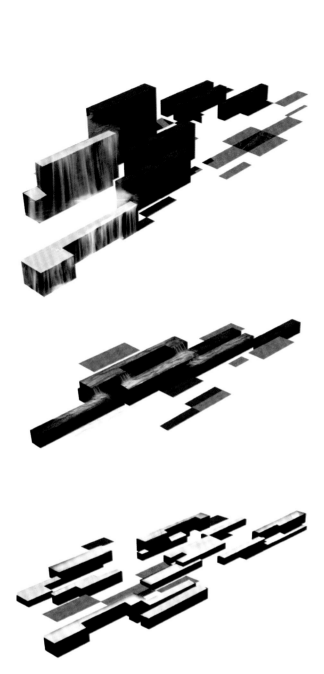

水景设计示意图

# 设计背后的故事——范琦路
# 北钓鱼台开发项目

文：玛莎·舒瓦茨

其实我们并没有很多时间去思考范琦路这个项目的设计。当时我们正跟委托方合作一个酒店的设计，也在这个地块，毗邻安藤忠雄设计的酒店，后者位于用地中心。安藤忠雄酒店的两边各有一个住宅小区，两个小区的入口也是我们在做。与此同时，委托方雇了施工队，对范琦路进行景观改造，大概是长3000米，宽9米的一个路段，介于酒店用地围墙和公路路缘之间。委托方对我们的酒店设计很满意，于是当即决定让我们暂时放下手头的设计工作，立刻着手设计酒店正门之外的范琦路的街道景观。这其中还有深层的政治原因。因为这片用地毗邻亚太经合组织会议所在地，当时距离亚太经合会议召开还有一个月的时间，届时像习近平主席和奥巴马总统这样的高层领导人会从这里经过去出席会议。因此，委托方希望这些全球领袖能够在这里看到"世界上最美丽的街景"。于是，委托方命令当时已经开始施工的施工队停下来，给我们大约两周的时间进行街道景观的设计，包括完成设计图纸和实体模型。所以，时间非常紧张，因为在我们设计期间，施工队什么都不能做，只能等着，而施工必须要在亚太经合会议召开前完工。——我们见识了中国式赶工。

委托方是给了我们一些方向性的建议的，给我们描述了他们期待看到的结果。委托方表示，由于用地地处山区（山不高，但很美），所以希望街道景观设计得"像山一样"。我对委托方代表表示，我们会尽力达成这一目标。问题是，如何才能切实可行地在长3000米，宽9米的路段上造一座山呢？

用地路段的一边是酒店用地3米高的围墙，而我们的设计用地就是介于围墙和——按照我们当时的理解——公路路缘之间。当时委托方告诉我们不必担心留空地的问题，尽管充分利用酒店前方整个路段的面积。这样的话，我们设计的其实就不仅仅是街道景观了，某种程度上这可以说是一座带状公园。但是，后面小区住宅楼的屋顶是个问题。一边的屋顶是法式风格，另一边是弗兰克·劳埃德·赖特风格。尽管围墙有3米高，但是从公路上还是能清楚地看到后面的屋顶。这给我们的设计带来挑战，因为我们要造一片山景，而人工的屋顶无疑会破坏掉山景的自然之美。显然，我们需要把这座"山"建得更高一些，让"山景"高于围墙，挡住后面的屋顶。

要营造一种山峦层叠的感觉，我们采用的基本方法是打造一系列的台地（或者叫作花池），沿着围墙垂直层层垫高。范琦路是在一块坡地上，所以这些花池也呈现出水平堆叠的形式。这样，垂直和水平两个方向的组合让这座人造山脉更好地体现出一种地层构造的感觉。不过，我觉得，如果我们能让这些花池的表面呈现出层次感的话，看上去会更像是一个整体，表现出山体中常见的形成地层断面的那种挤压分层感。落基山（Rockies）的地层形成就是这样的过程，北美大陆架撞上一块大陆（理解大意即可，并不专业），于是大陆架在挤压之下向高处耸起，呈现出其构造中的许多地层。当你看到那些地层的时候，你可以想象那些山脉从前竟是一片平原！所以，层次感对于营造山体构造的感觉至关重要，能让人很自然地联想到山脉。我们还在当地找了一些具有这种断层的岩石，作为我们借鉴的实例。

"山景"的垂直绿化遵循以下几项简单的原则：最高层的台地上种植高大的常绿乔木，进一步突出高耸的感觉，也能让人联想起山顶上常见的常绿乔木景观。而且这样也巧妙地隐

范琦路山景效果图

藏了后面的房屋，我们的"山景"就不会被后面的屋顶干扰到。常绿乔木的前面，也是"山体"的中间层，我们采用落叶乔木。再往下的低层种植较小的开花果树。这样的设计旨在营造一种明显的景观分层堆叠的感觉。水平轴线上（也就是范琦路沿坡地上行的方向），我们采用一系列花池，呈现出整齐的间距，栽种中国南方常见的巨型竹子。竹子栽种得整齐划一，跟乔木和果树那种林地式的随意的粗犷风格形成视觉上的对比。我们想要形成一种"景观韵律"，因为大部分人会是乘车从这里经过，我们需要一些东西来形成一种强烈的韵律感，才不会让车窗外的风景模糊成一片背景。

除了尝试将贫瘠的水平带状景观打造成山景之外，我们也希望改善范琦路的步行体验，让人们觉得从这里走过不再是从A点到B点那么单调。我们想打造一座带状公园，让人们有地方闲坐休息，欣赏沿途的自然风景。所以，我们的设计定位是公园。因此，我们选用的是比较低矮的、观赏性的树木。人们能够坐在树下，观赏风景。我们在休闲区布置了岩石，还有几处设置了小型瀑布和水池。这样的街道景观更加丰富，更有层次感，远不是普通的街道那么简单。

这里还有一段小插曲。我们按照上述的"带状公园+街道景观"理念打造的完美设计正在动工之时，我们遭遇了一个大问题。在委托方的印象中，我们可以利用从围墙到路缘的全部空间，不用留出空地，这就多给了我们3米的地方来"造山"。地块本来就窄，3米意味着差不多占总体25%的空间。然而，北京市新任市长在亚太经合会议召开之前巡视场地后，却不同意了。市长的车子驶过范琦路的时候，施工正在如火如荼地进行中，到处都是沙堆、钢筋、浇筑到一半的混凝土，现场一片狼藉。市长巡视后不久，就来了一队挖掘机，下来的人手持电钻，不容分说，上来就将那3米地方之内的施工现场清除一空，我们就站在一旁看着。那天晚上我们带着难以平复的（想哭的）心情，连夜商讨我们的"山景"在遭受了这样龙卷风一般的侵袭后，要如何修复。不得不说，施工现场被一路手持电钻的人马袭击，这样的阵仗在我30多年的设计生涯中还是首次遇到。但是，我们还是恢复了镇定，表现了一定程度的优雅。然而，我们的"山景"还是损失了重要的一块。但愿我们这个设计足够简单，砍掉重复的一块也不影响它的解读吧。

我们没有想到的另外一点是这些山景营造出来的速度感。驾车从范琦路上驶过，石材堆叠的层次线条突出了行驶的速度感。这是一种令人非常兴奋的感觉，就好像卡通片里坐着宇宙飞船极速翱翔于外太空。

范琦路+安藤忠雄酒店围墙立面图

1. 建筑外的绿色山丘
2. 下沉式景观，上方是水景

项目地点：中国，深圳
竣工时间：2013年
委托客户：深圳万科房地产有限公司

建筑设计：斯蒂文·霍尔建筑事务所（Steven Holl）
面积：52公顷
摄影：张虔希

# 深圳万科中心

深圳万科中心是中国最大的房产开发商——深圳万科房地产有限公司——开发的一栋多功能建筑，其长度相当于美国纽约帝国大厦的高度，内有公寓、写字间和一家酒店，酒店包括会议中心、SPA水疗馆和地下停车场等设施。

MSP受到委托，负责重新规划原来的景观环境，打造高品质的公共空间和私人空间，万科的私人客户以及周围的广大居民都能使用。

设计师采用了"群岛"的设计理念，巧妙地保留了一系列原有山丘下面的结构元素，同时应用多种植栽策略，丰富了园区景观环境的体验。

写字间的区域种植了当地原生草种和统一的常绿灌木，让空间显得整齐划一。酒店区打造成高端的景观环境，主要采用观赏性植物。

景观设计中还包括一系列小花园，里面种植的植物能够体现出一年四季环境的变化。此外还有户外儿童戏水设施以及泳池和SPA。

1

设计在原有地形的基础上打造了一系列绿色山丘。

可持续设计是本案的重点，因为这个开发项目要达到美国LEED绿色建筑铂金级认证标准。景观设计采用了一系列的可持续设计手法，包括水的处理与存储、"净水浮岛"、利用原生植被、建立野生动物栖息地、采用本地生产的回收利用的材料等。园区内还有为附近居民而设的"城市农场"，有助于培养社区意识，向公众宣传"城市生态"和"食物体系"的概念，还能为园区内的餐厅供应新鲜农作物，一举多得。

**整体植物配置表**

| 植物名称 | 类型 | 花色 | 规格（单位：厘米） | |
|---|---|---|---|---|
| | | | 高度 | 冠幅 |
| 矮棕竹 | 常绿灌木 | – | 150 | 70 |
| 八角金盘 | 常绿灌木 | – | 60 | 30 |
| 散尾葵 | 常绿灌木 | – | 300 | 250 |
| 锦绣杜鹃 | 常绿灌木 | 粉 | 60 | 60 |
| 假连翘 | 常绿灌木 | – | 100 | 100 |
| 迎春花 | 落叶灌木 | 黄 | 150 | 150 |
| 木槿 | 落叶灌木 | 粉红 | 150 | 150 |
| 红竹 | 木本植物 | – | 400 | 3 |
| 蟛蜞菊 | 多年生草本 | 黄 | 30 | 25 |
| 芭蕉 | 多年生草本 | – | 450 | 250 |
| 龙舌兰 | 多年生草本 | – | 60 | 60 |
| 白鹤芋 | 多年生草本 | 白 | 60 | 40 |
| 蚌花 | 多年生草本 | 白 | 20 | 20 |
| 金脉美人蕉 | 多年生草本 | 黄 | 100 | 40 |
| 钝叶草 | 多年生草本 | – | 15 | 2 |
| 四季秋海棠 | 多年生草本 | 粉红 | 30 | 30 |
| 肾蕨 | 多年生草本 | – | 40 | 8 |
| 常春藤 | 藤本 | – | 20 | 20 |
| 蔓花生 | 藤本 | – | 20 | 20 |
| 白三叶草 | 藤本 | – | 20 | 20 |
| 黄菖蒲 | 多年生挺水草本 | 黄 | 60 | 35 |
| 黄花美人蕉 | 多年生挺水草本 | 黄 | 80 | 40 |
| 小叶紫薇 | 落叶乔木 | 紫 | 450 | 250 |
| 鸡蛋花 | 落叶乔木 | 黄 | 350 | 250 |

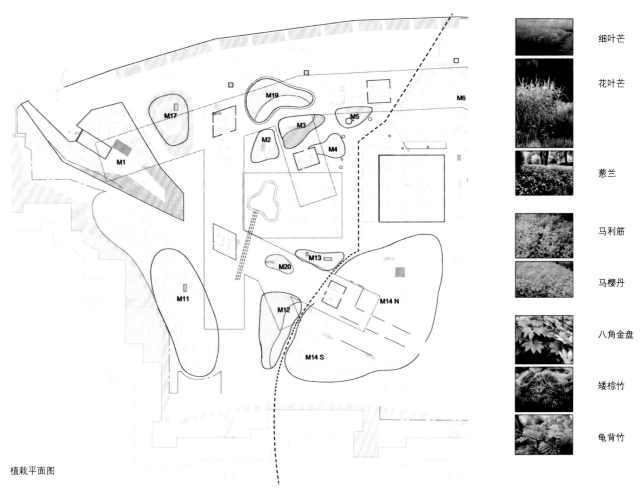

植栽平面图

多样的绿化设计，丰富的景观体验

## 办公区植物配置表

| 植物名称 | 类型 | 使用区域 | 规格（单位：厘米） | | 种植密度<br>（每平方米） | 数量 |
| --- | --- | --- | --- | --- | --- | --- |
| | | | 高度 | 冠幅 | | |
| 细叶芒 | 多年生草本 | M1, M11 | 170 | 80 | 4丛 | 17040 |
| 花叶芒 | 多年生草本 | M17 | 120 | 150 | 8丛 | 1696 |
| 葱兰 | 多年生草本 | M12, M17 | 20~25 | 20~25 | 25丛 | 11750 |
| 马樱丹 | 灌木 | M5, M4 | 20~25 | 15 | 49株 | 11560 |
| 马利筋 | 多年生宿根草本 | M4 | 40~100 | 40 | 10株 | 8350 |
| 八角金盘 | 常绿灌木 | M2, M3 | 50~60 | 35~40 | 5株 | 2080 |
| 矮棕竹 | 常绿灌木 | M19, M13 | 200 | 50 | 10丛 | 7100 |
| 龟背竹 | 常绿灌木 | M2, M3 | 120~150 | 100 | 15株 | 3975 |

1. 办公区栽种本地原生植物，打造整齐划一的高品质景观空间。
2. 成功的可持续雨水管理设计让本案获得了美国绿色建筑委员会LEED铂金级认证。

绿色山丘式景观平面图

2

1. 花池一年四季呈现出不同的景色。
2、3. 原景观环境经过改造，形成一系列高品质的公共和私人空间。

总平面图

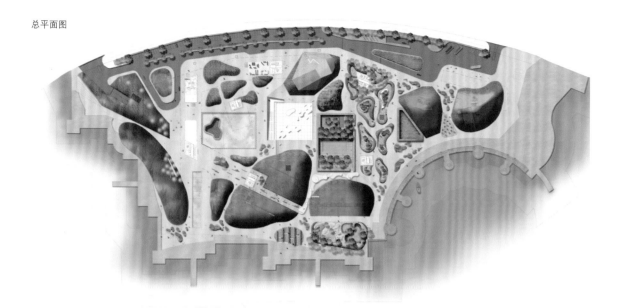

景观设计中采用了儿童户外戏水区、泳池、SPA 水疗区等水景元素，供万科私人客户和周围居民使用。

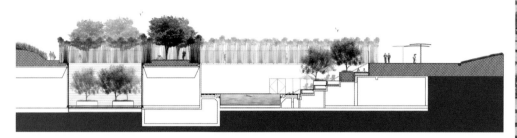

SPA 水疗区剖面图 1

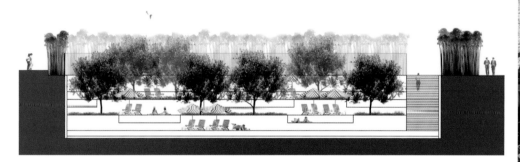

SPA 水疗区剖面图 2

家庭 / 儿童游乐区剖面图

广场鸟瞰

# 共和广场

项目地点：法国，巴黎
竣工时间：2013年
委托客户：巴黎市政府公路部

建筑设计：TVK城市规划与建筑设计公司（TVK Architectes Urbanistes）
面积：3.3公顷
摄影：克莱门特·纪尧姆（Clement Guillaume）

现代化水景，既代表了法兰西共和国的形象，又能满足居民不断变化的需求。

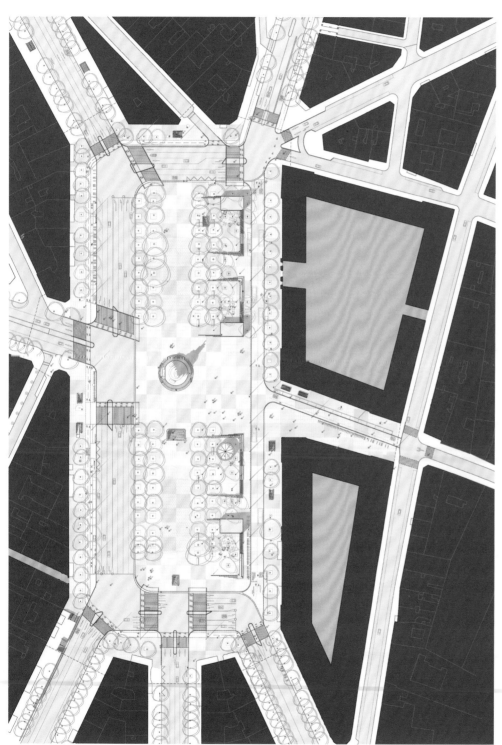

总平面图（改变了车行方向，营造更多开放式空间）

巴黎共和广场（Place de la République）原名水塔广场（Place du Château d'Eau），始建于1811年，后来在法国城市规划大师巴龙·奥斯曼（Baron Hausmann）为巴黎所做的大规模改建中形成了现在的样子。这里曾经繁华一时，但是如今却遭到现代交通的无情冲击。每天有超过11.4万地铁通勤者从此经过，还有数不清的旅游巴士、出租车、自行车和私家车，市政巴士的线路也从此经过。这些都让共和广场变成一个拥堵的、破碎的、不安全的过渡性空间，已经失去了它独有的特色以及它在这座城市中应有的地位。

MSP设计团队提出的方案旨在恢复共和广场的地位，让广场满足大批移动人群的通行需求，同时，希望提升广场的魅力，吸引更多人在此驻足。广场中央是玛丽安（Marianne）的雕像——法兰西共和国的拟人化身。这座雕像已经融入了广场的环境，因此也是MSP整体设计理念的一个重要部分，避免了广场成为脱离周围环境的孤立存在，而是延续了原来简单却经典的设计语言。

设计将原来破碎的部分重新连为一个整体，让机动车交通避开广场，从广场周边通过。这样，共和广场又成为一个整体的、功能性的公共空间，能够进行各种公共活动，满足城市生活所需。所有的设计都是为了最大化地满足公共活动的需要。

嵌入式基础设施和多样化的空间布局让广场从普通的城区步道变成了周末集市、夜市、圣诞集市，从摇滚音乐会变成电影节、夏日狂欢节、冬季滑冰场。附近居民、通勤者和观光游客在不同的时间来到这里，会体验到不一样的景象，每一次都会留下不同的记忆。

1. "旱喷泉"为夏日的广场降温。
2. 新增树木丰富了广场的公共环境。
3. 广场的功能灵活多变，能够满足各类活动所需。
4. 舒适宜人的户外空间使人沉浸在法式散步大道的传统氛围中。

广场上增加了新栽的树木和浅水池，有助于改善广场环境的微气候，提升景观环境带来的愉悦感。

全新的共和广场代表了符合社会可持续性的、可行的城市公共空间，灵活的设计使其能够满足不断变化的城市人口的需求。城市交通的需求在不断变化。本案的设计已经成功证明，历史悠久的城市广场也能满足现代交通的需求，同时强化环境的特色与魅力。只要巧妙融入现代的设计，老广场也能跟上现代的城市生活节奏。这也意味着，这些伟大的、历史悠久的广场可以继续为城市居民和游客提供永无止境的、真正意义上的公共舞台。

4

1. 入口广场设置橘红色的山形雕塑。
2. 水元素以水渠、水池、喷泉等形式贯穿设计始终。

项目地点：中国，重庆
竣工时间：2013年
委托客户：万科地产

面积：1.6公顷
摄影：张虔希

# 凤鸣山公园

1. 白天，鲜艳的色彩与重庆雾蒙蒙的天空形成对照；夜晚，雕塑在照明的烘托下变身为巨型灯笼。
2. 山形雕塑的位置经过精心布局，引导行人走下"山坡"。

凤鸣山公园位于重庆市沙坪坝经济开发区，占地面积1.6公顷。公园南部是旧住宅小区，北面是华誉城项目，西边是上桥路，东侧是枫溪路（即公园主入口及最高点所在地）。凤鸣山公园于2013年春天向公众开放，游客可以依次观赏到标志性的山形雕塑、广场、绿化景观、水景等，最后到达万科金色城市发展销售中心。

在万科地产的委托下，凤鸣山公园的设计要点主要有以下三个方面：一是设计一个展现重庆独特形象的示范园区和城市公共空间，以期带动当地周边的经济发展；二是该公园的设计需要为万科的销售中心提供便利，让人们从主要道路以及枫溪路的主入口就能看到售楼中心。三是该公园的设计需要满足未来周边地区的发展需求，便于根据情况进行改造。

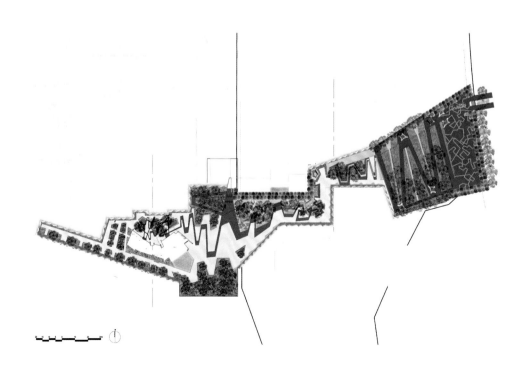

总平面图（坡地采用"Z"形步道）

1. 雕塑的设计旨在体现重庆多山的特点。
2. 雕塑的位置沿"Z"形步道精心布局，引导行人走下"山坡"。
3. 水元素以水渠、水池、喷泉等形式贯穿设计始终。

剖面图（雕塑、广场、植物、水景带给游客丰富的景观体验）

众所周知，山城重庆的地形较为特殊，高差明显，会对人们的出行造成较大影响。但是，这同时也为人们从公园路口到万科售楼中心的路程提供了一种独特的景观特点。设计师就是从重庆的地形特点获得启发，设计出一座座山形的"景观雕塑"。具体来说，项目设计的灵感来源于重庆本地的雨雾气候以及山水台地等自然地理特色。

示范区景观充满了艺术气息，整个构图由折线形的线条一气呵成，包含了橘红色的景观装置物、折线形的地面铺装和挡墙以及与之相互呼应的人工溪流。从入口广场的雕塑，"Z"形小道，再到蜿蜒的水景、拐角平台，最终到达售楼中心，整个公园就是一段连续的快乐旅程。

凤鸣山公园已成为洋溢着快乐、活力和备受喜爱的重庆城市景观。

1. 大型绿化山丘营造出舒适的户外空间。
2. 设计灵感来自阿拉伯半岛的自然风光——沙丘、绿洲和贝都因纺织品。

项目地点：阿拉伯联合酋长国，阿布扎比
竣工时间：2012年
委托客户：穆巴达拉开发公司（Mubadala Development）
建筑设计：GP建筑事务所（Goettsch Partners）、根斯勒建筑事务所（Gensler）

环境评估：LEED金级认证
面积：26,000平方米
摄影：邓肯·查德（Duncan Chard）

# 索沃广场

索沃广场（Sowwah Square）位于阿联酋阿布扎比的阿尔玛亚岛（Al Maryah Island），设计旨在使其成为当地重要的城市公共空间。广场地处一个新的商业枢纽的中心，大片的铺装地面需要绿色植物的点缀。这里炎热、干燥的气候以及阿拉伯半岛的自然条件和文化背景，都融入了本案现代化的景观设计中。

设计灵感来自沙丘、当地传统的灌溉方式、绿洲、贝都因的织物（Bedouin，一个居无定所的阿拉伯游牧民族）以及阿联酋常见的修剪整齐的绿篱。设计将这些本土元素与法国巴洛克城堡花园风格相结合。两者的融合营造出一种可持续的、凉爽的微气候。广场上栽种了各种各样的植物，地面上的铺装图案从周围的大楼中就能看到。

2

1. 修剪整齐的树篱使人想起法国巴洛克城堡花园的设计。
2. 设计灵感来自阿拉伯半岛的自然风光。

出于对气候的考虑，所有设计元素都要为缓和热度与风力服务。大型人造绿化山丘点缀在户外空间之中，针对夏马风（Shamal，中亚及波斯湾一带的寒冷西北风），对行人起到保护的作用，也在高耸的建筑物之间营造出舒适的公共空间。

水景能够帮助人们缓解热度的侵袭。本案的水景嵌入了环绕人造山丘的长条石凳中，水分蒸发带来降温的效果，同时带来趣味性的、极具触感的景观体验。水景的表面材料上有装饰华丽的凹槽，营造出生动的水波涟漪的效果。为最大化利用有限的资源，减少水分蒸发，水景采用了狭窄水槽的形式，灵感来自古时中东地区的灌溉方式。夜晚，在嵌入式照明效果的烘托下，长凳焕发出生机，光滑的表面材料更显耀眼。

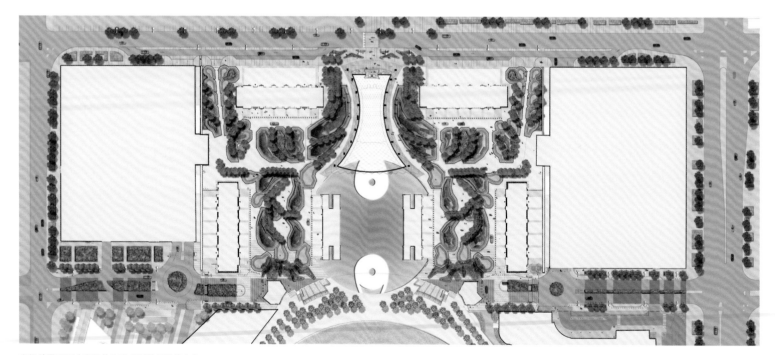

广场总平面图（广场作为商业区的绿色核心）

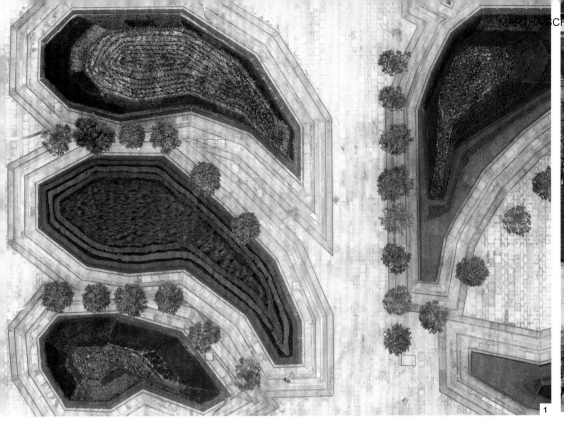

硬景观平面图

1. 路缘与混凝土排水槽相连
2. 立柱
3. 3区铺装与1区和2区相一致
4. 通过特色带状铺装，将3区与1区、2区铺装衔接起来
5. 人行横道（原有）
6. 可伸缩护柱
7. 街道铺装（原有）
8. 铺装处理
9. 花岗岩长椅
10. 树木（栽种在地面树坑中）
11. 建筑铺装（非MSP设计）
12. 水景
13. 垫高花池
14. 带状铺装

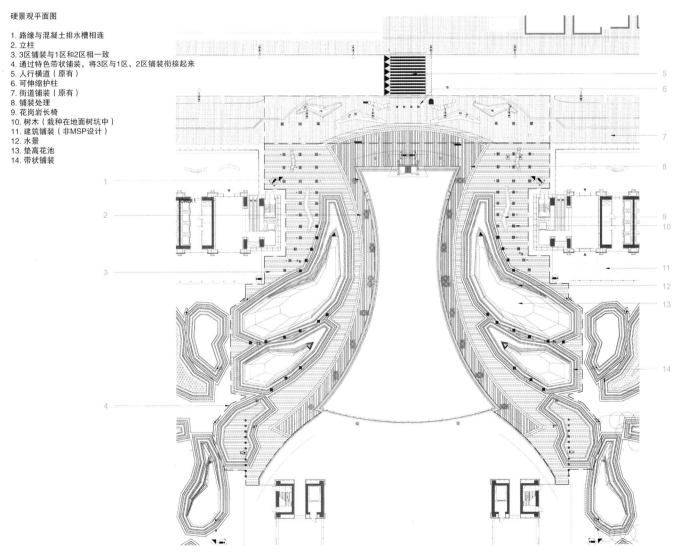

1～3. 大型绿化山丘营造出舒适的户外空间，帮助行人抵御夏马风——来自波斯湾的强冷西北气流。

4. 植物和铺装相结合，营造出现代景观变化多端的图案和构造，既能从广场上欣赏，也可以从附近的高楼上俯瞰。

带状铺装设计图

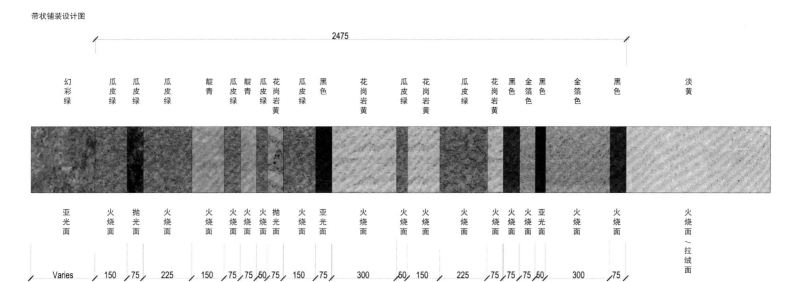

2475

| 幻彩绿 | 瓜皮绿 | 瓜皮绿 | 瓜皮绿 | 靛青 | 瓜皮绿 | 靛青 | 瓜皮绿 | 花岗岩黄 | 瓜皮绿 | 黑色 | 花岗岩黄 | 瓜皮绿 | 花岗岩黄 | 瓜皮绿 | 花岗岩黄 | 黑色 | 金箔色 | 黑色 | 金箔色 | 黑色 | 淡黄 |
|---|---|---|---|---|---|---|---|---|---|---|---|---|---|---|---|---|---|---|---|---|---|
| 亚光面 | 火烧面 | 抛光面 | 火烧面 | 火烧面 | 火烧面 | 火烧面 | 抛光面 | 火烧面 | 亚光面 | 火烧面 | 火烧面 | 火烧面 | 火烧面 | 火烧面 | 火烧面 | 火烧面 | 亚光面 | 火烧面 | 火烧面 | 火烧面/拉绒面 |
| Varies | 150 | 75 | 225 | 150 | 75 | 75 | 50 | 75 | 150 | 75 | 300 | 50 | 150 | 225 | 75 | 75 | 75 | 50 | 300 | 75 |

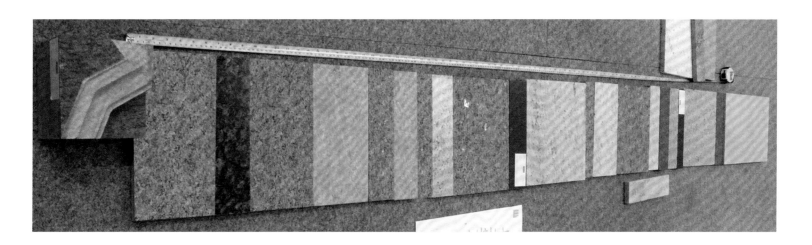

索沃广场的可持续设计囊括了多种设计创新，项目获得美国 LEED 绿色建筑金级认证。人造山丘的设计也体现了可持续性设计创新，这种设计形成的绿化空间是普通地面绿化的 1.45 倍，而灌溉用水量却减少了，因为陡坡的垂直绿化能够百分之百利用灌溉水分的湿气。

1、2. 为减少水分蒸发，设计采用狭窄的水槽，类似中东地区古时候常见的灌溉方法。
3. 石材表面采用装饰性的凹槽，营造出水波熠熠生辉的效果。

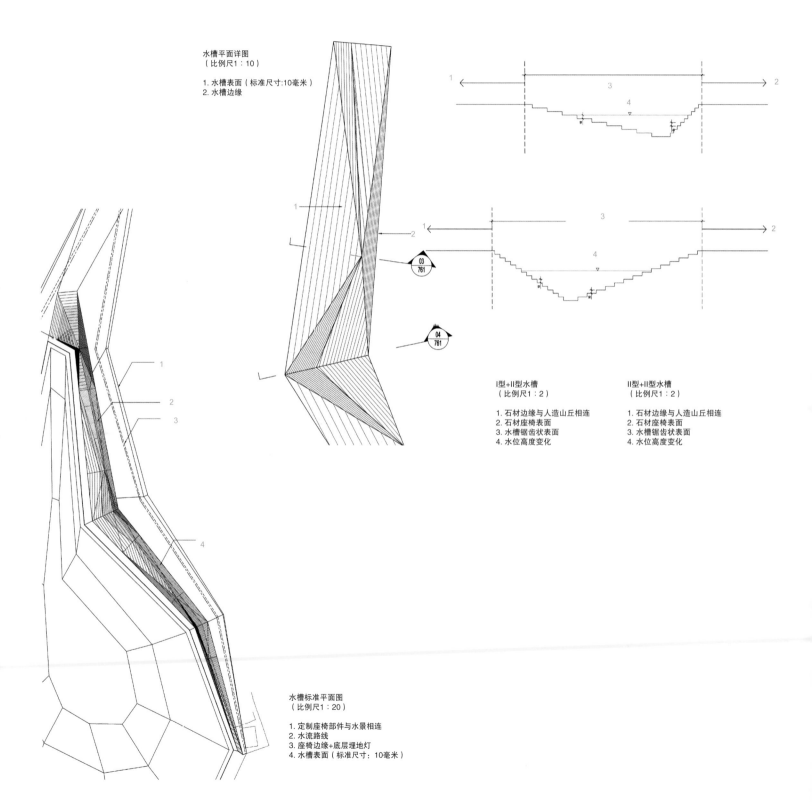

水槽平面详图
（比例尺1：10）

1. 水槽表面（标准尺寸:10毫米）
2. 水槽边缘

I型+II型水槽
（比例尺1：2）

1. 石材边缘与人造山丘相连
2. 石材座椅表面
3. 水槽锯齿状表面
4. 水位高度变化

II型+II型水槽
（比例尺1：2）

1. 石材边缘与人造山丘相连
2. 石材座椅表面
3. 水槽锯齿状表面
4. 水位高度变化

水槽标准平面图
（比例尺1：20）

1. 定制座椅部件与水景相连
2. 水流路线
3. 座椅边缘+底层埋地灯
4. 水槽表面（标准尺寸：10毫米）

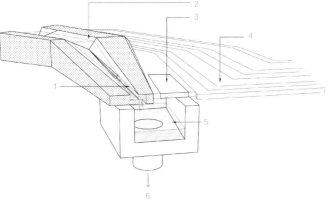

水流出口详图

1. 石材部件边缘采用邮筒式开口作为水流出口
2. 锯齿状表面
3. 顶部可拆卸（材料和色彩与邻近铺装材料相一致）
4. 天然石材带状铺装
5. 水流输出区
6. 输出管道

水流途径示意详图

1. 人造山丘
2. 连接至水流出口
3. 黑色石材（切割成需要的尺寸）
4. 长椅边的铺装区域（材料、色彩和表面处理与长椅材料相一致）

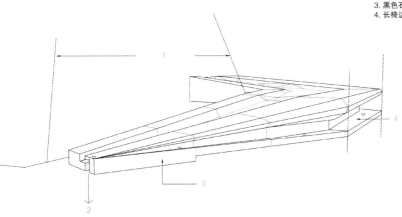

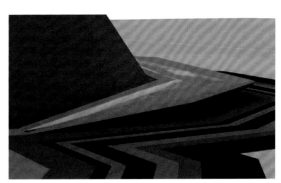

1. 水景与石材长椅合而为一，带来趣味性十足的环境体验。
2. 长椅下方布置照明，丰富夜晚的景观效果。

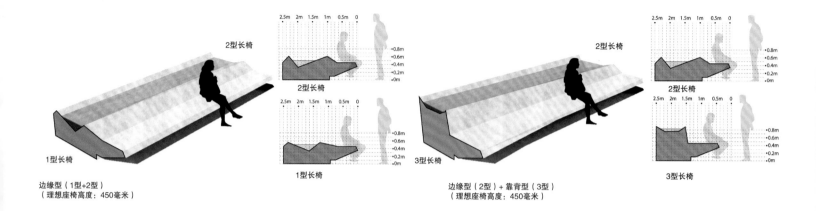

边缘型（1型+2型）
（理想座椅高度：450毫米）

边缘型（2型）＋靠背型（3型）
（理想座椅高度：450毫米）

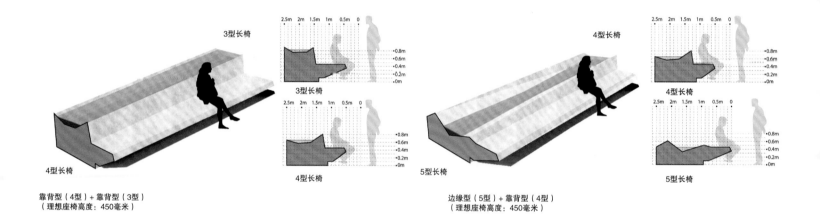

靠背型（4型）＋靠背型（3型）
（理想座椅高度：450毫米）

边缘型（5型）＋靠背型（4型）
（理想座椅高度：450毫米）

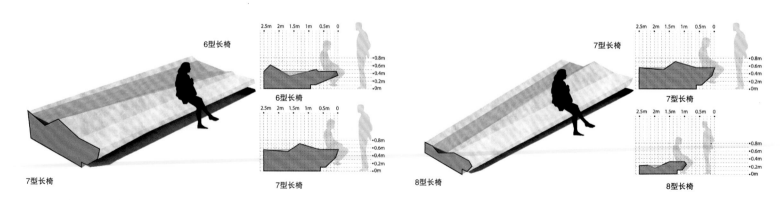

边缘型（6型）＋增高型（7型）
（理想座椅高度：450毫米 ＋ 增高型高度：700毫米）

低矮型（8型）＋增高型（7型）
（低矮型高度：300毫米 ＋ 增高型高度：700毫米）

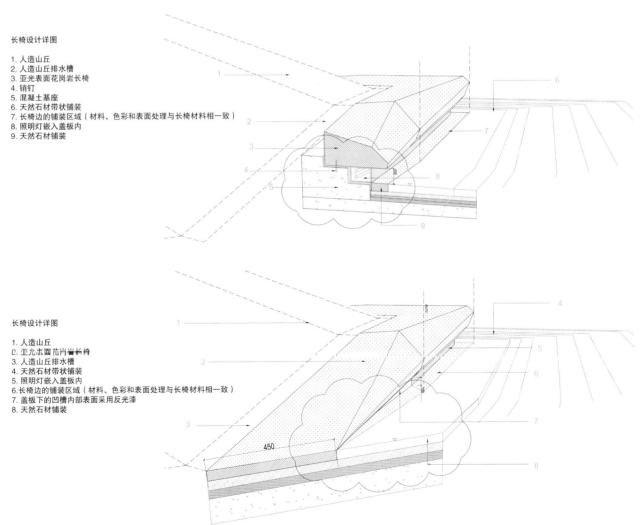

长椅设计详图

1. 人造山丘
2. 人造山丘排水槽
3. 亚光表面花岗岩长椅
4. 销钉
5. 混凝土基座
6. 天然石材带状铺装
7. 长椅边的铺装区域（材料、色彩和表面处理与长椅材料相一致）
8. 照明灯嵌入盖板内
9. 天然石材铺装

长椅设计详图

1. 人造山丘
2. 亚光表面花岗岩长椅
3. 人造山丘排水槽
4. 天然石材带状铺装
5. 照明灯嵌入盖板内
6. 长椅边的铺装区域（材料、色彩和表面处理与长椅材料相一致）
7. 盖板下的凹槽内部表面采用反光漆
8. 天然石材铺装

1、2. 设计的美学灵感部分来自中国本土建筑及其贴近自然的特点。

# "城市与自然"
# 园艺规划

项目地点：中国，西安
竣工时间：2011年
委托客户：西安世界园艺博览会组委会

面积：900平方米
摄影：王根（音译）

1. 镜面墙带来空间无穷无尽的错觉。
2、3. 轻盈的垂柳和坚固的城墙，刚柔并济，象征着自然与城市的和谐共生。

MSP是九个受邀参与2011年西安世界园艺博览会小型园艺造景设计的公司之一，设计主题是"自然与城市的和谐共生"。这个项目，MSP选择的美学方向源自于中国本土建筑及其与自然的亲近关系。这个园艺造景由四个元素构成：传统灰色砖墙与铺装、垂柳、单向透视玻璃和铜铃。

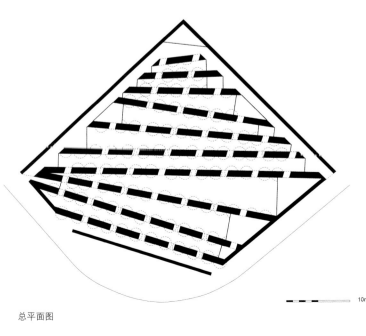

总平面图

10m

1~4. 躲在黑暗的走廊里，可以暗中观察刚刚走进迷宫的人。

灰砖一直是中国本土建筑的主要建造材料。灰色砖墙是城市中最常见的构筑空间的元素，常用于皇家建筑物，体现权力与威严。对于中国几代人生活在一个四合院里这种居住方式来说，这种砖墙就是家与外部世界之间的分界线，或者是城市与乡村之间的分界线。

垂柳在中国古诗、历史、民俗、书法和绘画中都占有特殊地位。中国人用垂柳来表现思念，思念朋友或是故乡。垂柳蕴含着怀旧之情，也常用作表现女性柔美特征的符号，表现为一种柔弱、细致、轻盈、优雅的形态。

迎风飘摆的垂柳和坚不可摧的城墙，这两者的结合体现了城市与自然的和谐共生。"城市"用3米高的城墙来代表，看上去似乎无边无垠。这座"城市"有两个入口，设置在一条开放式走廊的两端，走廊采用镜面，对面是五个拱门。拱门穿透1.5米厚的城墙，顶部是垂柳，与一系列庭院相连。垂柳的枝叶形成上部的拱

形构造，树上悬挂了1000多个铜铃，小小的风铃在微风中发出悦耳的声音，铃声的音高与下面庭院的宽度相一致。走进这座"城市"后，你会发现，能穿过的拱门越来越多，这样你就要做出选择，可以尝试不同的路线，整个"迷宫"里似乎有无穷无尽的路线选择。同时，没有人知道他到底在走向何处，接下来又该期待什么。这就营造出一种趣味性的空间体验，给人带来发现——或者还有一点焦虑——的乐趣。

每个庭院的尽头处都设置镜面墙，使人产生一种空间无穷无尽的幻觉。穿过最后一个庭院后，就进入出口的通道。这是一条黑暗的封闭式走廊，一边安装了单向透视玻璃，对面是一小片园林，里面的垂柳映射在玻璃上，看上去好似绵绵无尽。这样，你就从无尽的城市一下子过渡到无尽的自然。从黑暗的封闭式走廊中出来，你会发现，穿过重重庭院途中看到的很多镜子其实只是单向透视玻璃，透过玻璃能看到黑暗走廊中的人。这种效果会给游客带来惊喜，他们直到出来才意识到这点，原来他们一直在单向玻璃后面被观察。这时他们可以躲在黑暗走廊里偷偷观察刚进迷宫的游客。

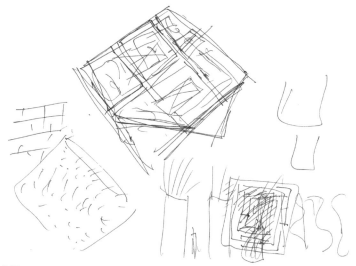

手绘图

# 普鲁特新城规划

项目地点：印度尼西亚，雅加达
当前状态：在建
委托客户：APL 房地产公司（Agung Podomoro Land）
建筑设计：SOM 建筑事务所
面积：160 公顷

1号岛西北侧全景概览（图片版权：SOM | Squint Opera）

将近50年前，苏加诺总统描绘了雅加达北海岸的未来开发蓝图。今天，普鲁特新城（Pluit City）正在将这幅蓝图变为现实，让这里成为东南亚最具魅力的宜居之地。

普鲁特新城1号岛是新城整体规划的一期工程，设计目标是建设地标式环境，打造万人瞩目的滨水天际线风景。在1600年的历史中，爪哇海（Java Sea）的海岸线一直是印尼岛国的标志。如今，普鲁特新城再次面向大海，重拾历史记忆。

普鲁特岛飞速的城市化进程使其迅速成为世界上发展最快的城市之一。随着新城的建设，普鲁特岛将扩大居住区面积，可以容纳7.5万新居民。同时，它也象征了印度尼西亚共和国在东南亚乃至世界经济格局中重要的战略性地位。

MSP负责1号岛的景观规划。这是一个独特的"群岛"体系的一部分，土地来自填海造陆，将成为古老的雅加达（Jakarta Bay）的一个新城区。项目占地160公顷，总体规划由SOM建筑事务所负责，包括各种商住两用建筑、购物广场、写字楼、公寓楼和沙滩别墅等。根据SOM的户外环境规划，MSP需要打造绿意盎然的居住区、公园以及一系列滨水景点，为岛上居民营造完美的滨海生活环境。

1. 1号岛、2号岛全景鸟瞰
2. 2号岛上的新巴达维亚区（New Batavia）和码头为野生动植物提供了栖息地，也是针对海面上升和风暴的一道保护屏障。
3. 1号岛中央公园。水体是设计中的核心元素，既是游乐场地，也是可供观赏的生态资源。

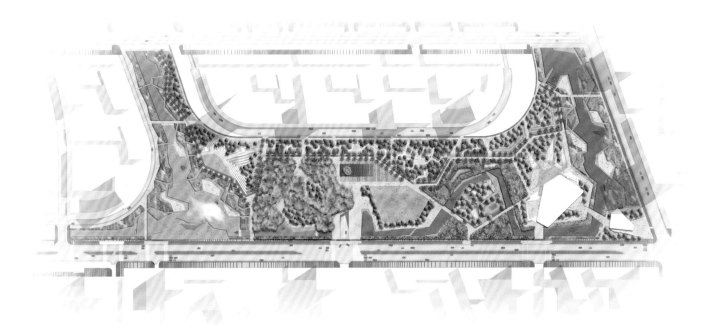

1号岛总平面图

1~5. 可持续滨水区设计，挖掘原有红树林的使用潜能。

6、7. MSP的设计采用陆地与水体自然过渡的形式，打造了兼具娱乐与观赏功能的带状公园和广场。

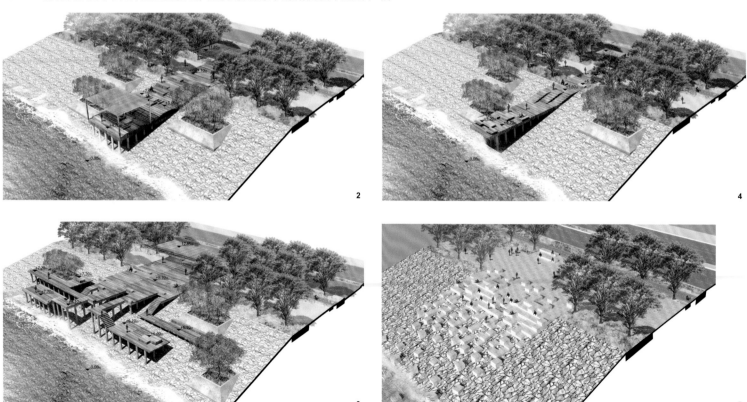

委托客户充分肯定了景观设计在总体规划中的作用——促进积极、健康的城市生活。岛上户外空间大量栽种绿色植物。MSP设计了多个彼此紧密衔接的社区公园，其中含有游乐区、俱乐部、游泳池和体育健身区等。广场的设计采用大型遮阳结构，营造舒适的"微气候"，为集市、街头大排档和周末公共活动提供了舒适的环境。

中央公园占地90,000平方米，岛上所有住宅区与其相距不超过5分钟的步行路程。中央公园将西侧经过充分绿化的"软景观"与东侧更偏向城市环境的"硬景观"衔接起来，是新城中最重要的公共空间，不仅是1号岛上，也是雅加达的一座重要的现代公园。

滨水区绵延6000米，边缘的处理让MSP获得了设计灵感，将陆地与水之间的过渡空间打造成一系列休闲娱乐性质的带状公园，里面布置自行车道和咖啡厅的户外小广场，并使用多种设计方法，意图拉近人与水的距离。MSP还提出一种创新设计方法，保护岛上原有植被，增加新红树林生物栖息地的面积。

设计中，MSP与SOM建筑事务所以及委托客户开展了紧密合作，共同将1号岛开发成为世界级的城市绿化基础设施体系，实现了水源循环利用，能满足岛上居民8个月的供水需求。岛上5%的面积由各种水体覆盖，水体兼具美观性与功能性：既是供公众休闲娱乐所用的水景，同时具有降温功能，有助于岛上大量植物的生长。

1. 中央公园距离岛上任何地方不超过五分钟的步行距离。
2. 2号岛滨水散步大道。

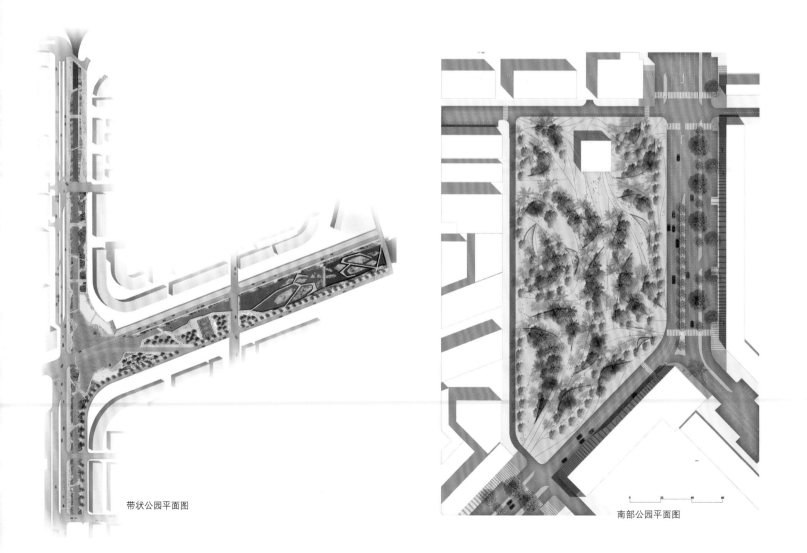

带状公园平面图

南部公园平面图

# 保利集团中央商务区

项目地点：中国，广州
当前状态：预计 2017 年竣工
委托客户：广东保利房地产公司
面积：3 公顷

保利集团中央商务区是广州市重要的公共环境，
汇集各种高档零售店面、餐饮店和娱乐场所。

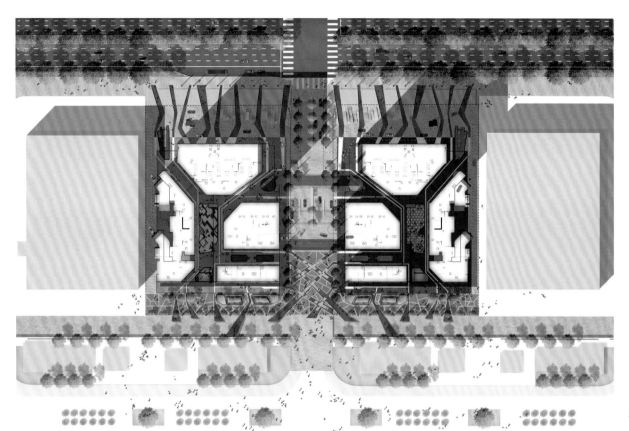

总平面图

MSP从2014年6月开始着手保利集团中央商务区（Polygroup CBD）的景观概念设计。这是中国广州金融区的一个商业开发项目。

1. 景观设计采用大胆的、现代的建筑表现手法。
2. 设计采用创新材料，凸显色彩与活力。
3. 休闲设施适合家庭娱乐。

1、2. 设计使用人造草皮，形成多功能空间，既是绿化区，也是特色座椅。
3. 步道的铺装采用色彩明亮的树脂玻璃，纵向照明装置点缀其间，兼具导视的作用。

铺装设计

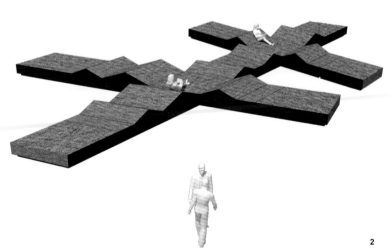

受时尚界的启发，设计采用T台的形式，旨在打造一处世界最佳的、独一无二的商业空间。这里将汇集各种餐饮娱乐空间和品牌零售店。T台式格局将提供一种全新的商业开发模式，让年轻人产生归属感，把这里视为他们的地盘。

带状绿化山体结构是T台格局的一部分，栽种茂盛的绿色植物和树木，将成为公共空间和私人领域之间的分界线，存在感十足。色彩鲜艳的T台穿过"山体"，形成独特的步行路线。

立面图

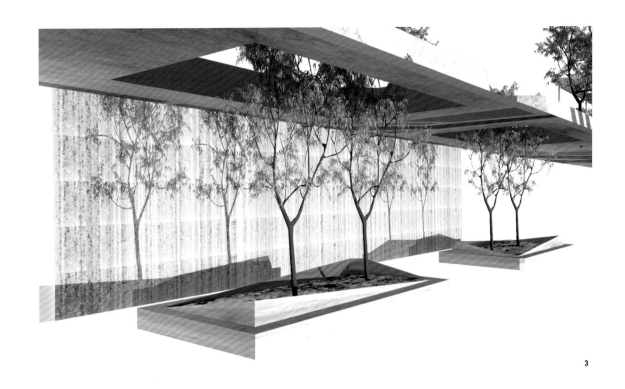

3

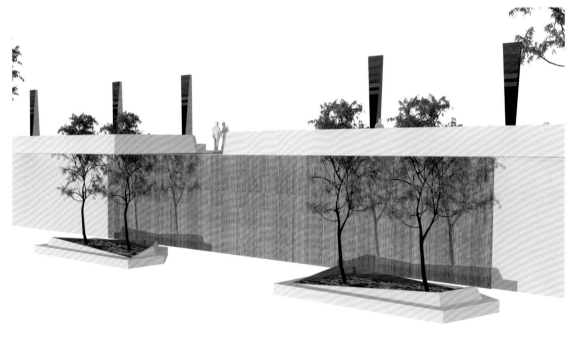

4

1、2. 南侧视角。
3. 花池兼具座椅功能。
4. 垂直水景是隐藏的绿洲，水声能够掩盖广场上的噪声。

向商务区中间走，你会经过一系列几何造型的装置结构，表面使用反光镜面，分布在入口广场两侧，界定出一条通道，通向中央广场和散步大道。MSP充分挖掘了中央广场和散步大道作为城市社会交往空间的作用。这里有色彩明艳的花池，栽种各种热带植物，营造了多样化的休闲空间，为人与人之间的交流互动提供了契机。

# 自贡东兴寺区景观规划

滨水公园的设计拉近了自贡市与釜溪河的关系。

项目地点：中国，四川，自贡
当前状态：规划中
建筑设计：MHKW 建筑事务所（Michael H.K. Wong Architects）
委托客户：自贡城市建设投资与发展部
面积：50,000 平方米

总平面图（展现自贡市与釜溪河的关系）

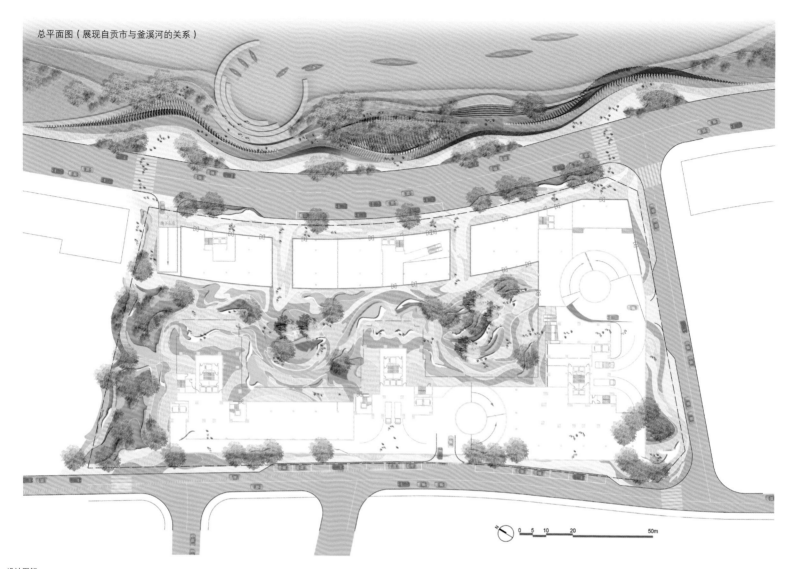

0  5  10    20              50m

设计图解

河岸与街道之间宽度有限，导致净化雨水的湿地建设空间不足。设计采用人造小溪的形式，同时也为滨水区打造了新型的休闲空间。

街道 ◄ 宽度在10米到50米之间变化 ► 河岸

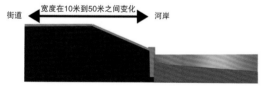

人造小溪中采用超级生物过滤结构，为滨水区打造了一条清新的小溪。

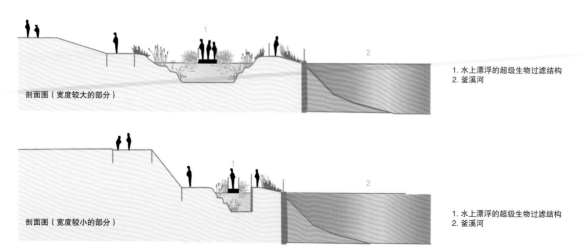

剖面图（宽度较大的部分）

1. 水上漂浮的超级生物过滤结构
2. 釜溪河

剖面图（宽度较小的部分）

1. 水上漂浮的超级生物过滤结构
2. 釜溪河

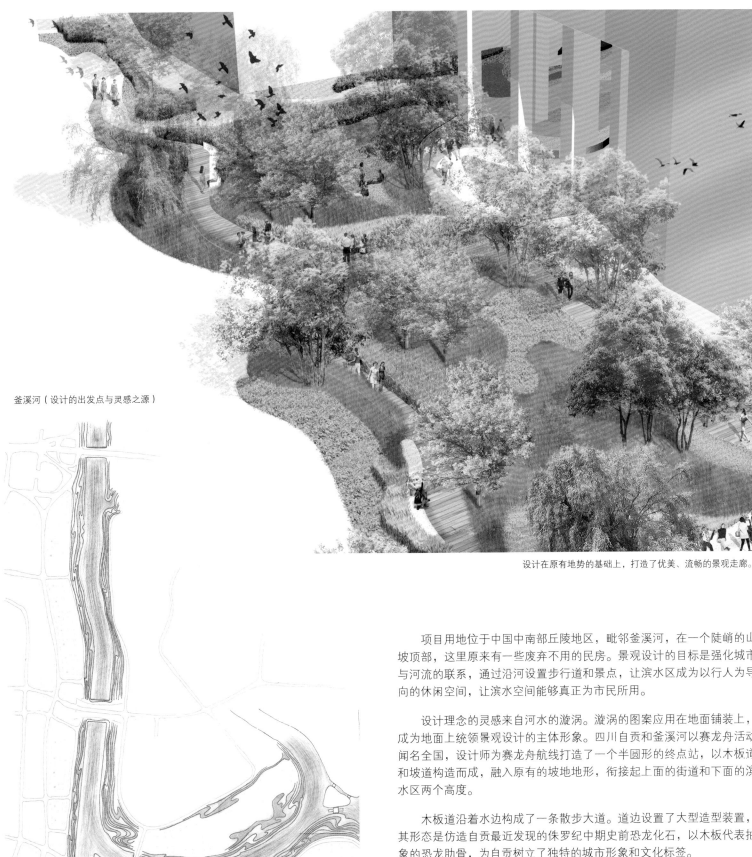

釜溪河（设计的出发点与灵感之源）

设计在原有地势的基础上，打造了优美、流畅的景观走廊。

项目用地位于中国中南部丘陵地区，毗邻釜溪河，在一个陡峭的山坡顶部，这里原来有一些废弃不用的民房。景观设计的目标是强化城市与河流的联系，通过沿河设置步行道和景点，让滨水区成为以行人为导向的休闲空间，让滨水空间能够真正为市民所用。

设计理念的灵感来自河水的漩涡。漩涡的图案应用在地面铺装上，成为地面上统领景观设计的主体形象。四川自贡和釜溪河以赛龙舟活动闻名全国，设计师为赛龙舟航线打造了一个半圆形的终点站，以木板道和坡道构造而成，融入原有的坡地地形，衔接起上面的街道和下面的滨水区两个高度。

木板道沿着水边构成了一条散步大道。道边设置了大型造型装置，其形态是仿造自贡最近发现的侏罗纪中期史前恐龙化石，以木板代表抽象的恐龙肋骨，为自贡树立了独特的城市形象和文化标签。

一期工程可持续雨水处理系统剖面示意图

"海绵公园"

1. 屋顶花园
2. 路边"雨水花园"的过量雨水流至瀑布，再汇入釜溪河
3. 大道两边的"雨水花园"汇集雨水
4. 平台庭院
5. 地下管线汇集雨水
6. 特制混合型土壤（快速排水）
7. 经过过滤的雨水补充地下水
8. 原有自然土壤基层
9. 地上排水饱和后，启用地下排水
10. 经过喷泉，汇入釜溪河

1. 散步大道一侧采用恐龙肋骨的造型装置，呼应当地发现的恐龙化石。
2. 滨水区采用台地的形式，巧妙解决了河水泛滥的问题。

雨水径流示意图

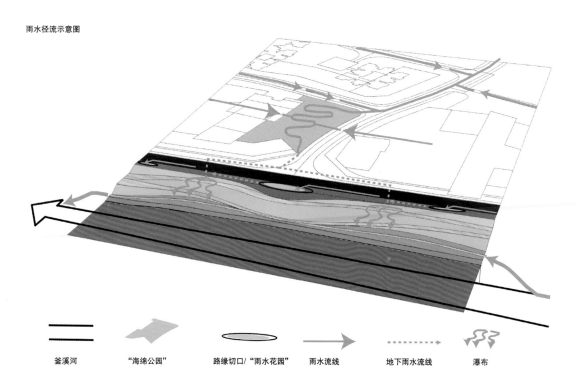

| 釜溪河 | "海绵公园" | 路缘切口/"雨水花园" | 雨水流线 | 地下雨水流线 | 瀑布 |

街道与滨水区剖面透视图
（可持续雨水处理与净化策略）

"海绵公园"示意图

设计方案中的"海绵公园"一期部分

未来的"海绵公园"

一期庭院

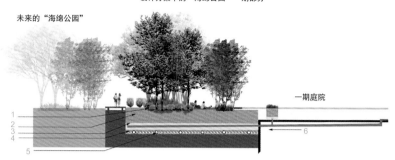

1. "雨水花园"
2. 散步大道（街道标高）
3. 路缘留出切口，排放街道雨水径流
4. "海绵公园"中过量的雨水流入小溪
5. 碳氢化合物处理装置，在街道雨水径流汇入小溪前完成处理
6. 过量雨水经过瀑布汇入小溪
7. 小溪
8. 防水壁
9. 釜溪河

1. 不同高度的曲线花池，边缘采用定制铝材包覆
2. 混合型土壤（快速排水）
3. 沙土过滤区
4. 砾石过滤区
5. 多孔管将滨水散步大道上过量的雨水径流导入瀑布，再流入小溪，经过净化处理，最终汇入釜溪河
6. 庭院种植区的过量雨水通过多孔管传输

四通八达的步道通向迷你公园、小广场以及其他各类休闲空间，满足人们社会交往和活动的需求。

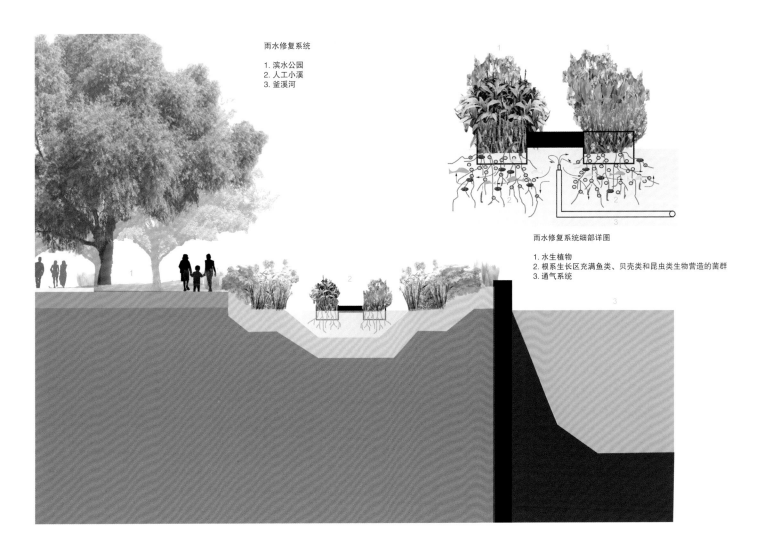

雨水修复系统

1. 滨水公园
2. 人工小溪
3. 釜溪河

雨水修复系统细部详图

1. 水生植物
2. 根系生长区充满鱼类、贝壳类和昆虫类生物营造的菌群
3. 通气系统

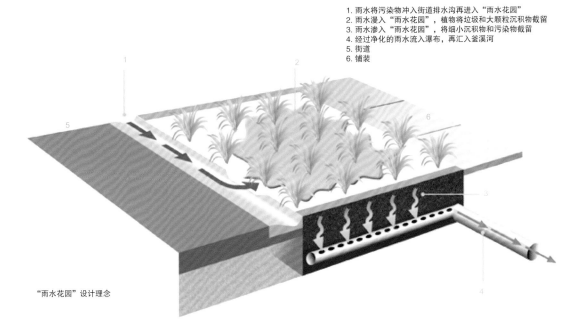

1. 雨水将污染物冲入街道排水沟再进入"雨水花园"
2. 雨水漫入"雨水花园"，植物将垃圾和大颗粒沉积物截留
3. 雨水渗入"雨水花园"，将细小沉积物和污染物截留
4. 经过净化的雨水流入瀑布，再汇入釜溪河
5. 街道
6. 铺装

"雨水花园"设计理念

可持续城市排水也是设计中的一项重点。设计尝试了多种方法来收集、缓和并疏散自贡雨季的大量降水，让这座城市从洪水灾害的侵袭中解放出来。居住区的雨水径流导入"海绵公园"，那里可以吸收、过滤并缓和积存雨水。街道两边的绿化采用"雨水花园"的形式，能吸收并处理雨水。无法吸收的过量雨水则传输到坡地下的瀑布，再汇入一条创意人工小溪，以漂浮的木筏构成"湿地"，对雨水进行植物修复后，再重新流入釜溪河。

整个项目代表了一种新型城市开发模式，是城市滨水区向现代化迈进的一种新思路，深度发掘了景观设计的潜能。

# 鱼珠滨水公园

开放式空间带来多样化的景观体验。

项目地点：中国，广州
当前状态：规划中
委托客户：广东保利房地产公司
面积：46 公顷

1. 设计采用"包覆"的概念，流畅的三维立体式设计策略贯穿整个项目的景观和交通动线设计。
2. 新增码头使珠江三角洲成为当地观光船的中转枢纽。

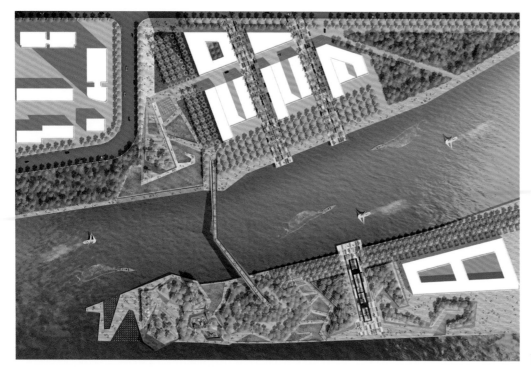

两个地块总平面图

鱼珠滨水区是珠江新城商务中心的重点开发项目。这里隶属于一个名为"老工厂"的滨水开发用地，而后者又从属于一个名为"丝绸之路港"的总体规划项目。这个区域体现了当地悠久、多彩的贸易和生产制造历史，这也是广州闻名珠江三角洲地区的特色。

沿着珠江的两个地块都体现了这段历史。其中一个地块是个半岛，从前这里是一家集装箱船运公司，现在仍然遗留着一些工业遗迹。另外一个位于大陆这边，正对半岛，在新城规划主轴线的东侧。这两个地块上都能见到从前工业用途的遗迹。

设计需要解决的主要问题有：

1. 双地块设计，将半岛与大陆衔接起来；

2. 以独特的设计使鱼珠滨水区与其他开发项目区别开来；

3. 充分尊重珠江作为一条运输通道的功能；

4. 珠江地处的河口遭受了严重污染，因此，生态和环境问题需要特别重视。

关于两个地块的衔接，设计采用了"包覆"的概念，借鉴船运过程中需要的包装操作，呼应了该地的历史。

半岛中央的广场，工业设计元素的使用呼应了用地的历史文脉。

剖面图

剖面图（展现整体"包覆式"设计理念）

"包覆"的设计理念带来一种独特的三维空间布局，既有雕塑般的造型，又有流畅的线条。同时，用地也自然地划分成几个功能区，使人可以在不同的层次上对用地的历史进行多重解读。原有的工业历史遗迹作为一个层次，也包覆在现代设计语言之下，只在关键的几个点上剥落开来，露出工业的痕迹。包覆层随着地形而变化，将各个区域串联起来，带来流畅的多样化的空间体验。

1. 步道两边充分绿化，营造出舒适的步行空间。
2. 滨水区的设计，不让人直接接触到河水，但是可以看到先进的净水处理过程。
3. 开放式空间带来多样化的景观体验。

1~3. 设计充分利用既有元素，处处体现出用地的工业背景。